ESSAY

KRITIK

MARGINALIEN

Amadou Korbinian Sow, geb. 1992, Rechtswissenschaftler, Postdoktorand an der DFG Kolleg-Forschungsgruppe »Reflexive Globalisation and the Law« an der Humboldt Universität zu Berlin. Promotion 2025 mit der Arbeit *Hermann Kantorowicz' Kampf um die Rechtswissenschaft.*

Timon Beyes, geb. 1973, Professor am Institut für Soziologie und Kulturorganisation der Leuphana Universität Lüneburg. 2024 erschien *Organizing Color. Toward a Chromatics of the Social.*
timon.beyes@leuphana.de

Oliver Lepsius, geb. 1964, Professor für Öffentliches Recht und Verfassungstheorie an der Universität Münster. 2016 erschien *Relationen: Plädoyer für eine bessere Rechtswissenschaft*, 2023 *Karl Loewenstein – Des Lebens Überfluß. Erinnerungen eines ausgewanderten Juristen* (Hrsg. zus. m. Robert Chr. van Ooyen u. Frank Schale).
oliver.lepsius@uni-muenster.de

Moritz Rudolph, geb. 1989, Redakteur des *Philosophie Magazin*. 2025 erschien *Einheit und Zerfall. Internationale Politik in der älteren Kritischen Theorie.*
moritz.rudolph@gmail.com

Tobias Janz, geb. 1974, Professor für Musikwissenschaft an der Friedrich-Wilhelms-Universität Bonn, Mitherausgeber von *Musik & Ästhetik*. 2019 erschien *Decentering Musical Modernity* (Hrsg. zus. m. Chien-Chang Yang).
janz@uni-bonn.de

Suzanne Schneider, Deputy Director am Brooklyn Institute for Social Research. 2025 erschien *The Apocalypse and the End of History: Modern Jihad and the Crisis of Liberalism.* – Der Originalbeitrag erschien in der *New York Review of Books* vom 23. Oktober 2025 unter dem Titel *From the Cesspool to the Mainstream.*

Elias Kreuzmair, geb. 1986, Wissenschaftlicher Mitarbeiter am Institut für Deutsche Philologie der Universität Greifswald, Leitung des DFG-Projekts »Lesen schreiben«. 2022 erschien *Feeds, Tweets & Timelines. Schreibweisen der Gegenwart in Sozialen Medien* (Hrsg. zusammen mit Magdalena Pflock u. Eckhard Schumacher).
eliaskreuzmair.de

Michel Steinfeld, geb. 1992, Religionsphilosoph, Wissenschaftlicher Mitarbeiter am Fachbereich Evangelische Theologie der Universität Hamburg.
michel@steinfeld.info

Hans Peter Bull, geb. 1936, Professor em., ehemaliger Innenminister Schleswig-Holsteins, ehemaliger Bundesbeauftragter für Datenschutz. 2023 erschien *Demokratie und Rechtsstaat in der Diskussion.*

Susanne Neuffer, geb. 1951, Autorin. 2019 erschien *Im Schuppen ein Mann*, 2022 *Sandstein. Zwei Novellen.*

Anke Stelling, geb. 1971, freie Schriftstellerin. 2018 erschien der Roman *Schäfchen im Trockenen*, 2020 die Erzählungen *Grundlagenforschung.*
https://www.ankestelling.de

ZU DIESEM HEFT

»In der Demokratie», stellt Oliver Lepsius nüchtern fest, »ist als Leistung eines politischen Systems nicht mehr zu erwarten als ein Kompromiss.« Was zunächst wie die Klage über einen bedauerlichen Makel klingt, ist in Wahrheit ein Loblied auf die schwierige Kunst des gegenseitigen Nachgebens beim Versuch, die eigenen Interessen und Vorstellungen politisch durchzusetzen. Schwierig ist diese Kunst schon deshalb, weil sie die Bereitschaft voraussetzt, sich damit abzufinden, dass das stets nur annäherungsweise gelingen kann.

Nun können die Parteien im Wahlkampf aber nicht mit Kompromissangeboten punkten, sondern müssen Maximalforderungen formulieren. Kein Wunder, dass das Nachgeben, zu dem sie die Realitäten des politischen Betriebs anschließend unweigerlich zwingen, im öffentlichen Diskurs in aller Regel als Prinzipienlosigkeit verbucht wird. Lepsius hingegen plädiert energisch dafür, dass wir es hier mit einer zentralen demokratischen Tugend zu tun haben. Schließlich sind Mehrheiten ohne Nachgeben nur in den seltensten Fällen zu haben, Kompromisse sind also letztlich »die Voraussetzung für die Handlungsfähigkeit des politischen Systems«.

Auf europäischer Ebene, wo die unterschiedlichen Interessen souveräner Staaten aufeinanderstoßen, ist diese Handlungsfähigkeit noch einmal schwerer herzustellen. Aus diesem Grund wird hier gern für mehr Zentralisierung und Vereinheitlichung geworben: Superstaat statt Staatenbund. Moritz Rudolph hält das für keine gute Idee. Er erinnert an Gottfried Wilhelm Leibniz, der sich vor dem Hintergrund der Erfahrungen des Dreißigjährigen Krieges ausdrücklich für partikulare Politik einsetzte. Was Leibniz für das Heilige Römische Reich Deutscher Nation empfahl, würde nach Moritz auch der Europäischen Union gut tun: eine programmatisch betriebene »Streuung der Macht«, ihre »Verteilung auf möglichst viele Entfaltungsräume«.

CD/EK

Amadou Korbinian Sow

Clarence Thomas

Porträt eines schwarzen Nationalisten als Verfassungsrichter

Der texanische Immobilieninvestor Harlan Crow sammelt NS-Memorabilia. Nur ist er kein einfacher Sammler vom Schlage deutscher Kryptofaschisten, die sogar den alten SS-Dolch ihres Großvaters inbrünstig hüten. Crows Kollektion tut sich vielmehr dadurch hervor, dass sie zwei Malereien angeblich von Hitlers eigener Hand birgt. Mehr noch: Diese Malereien versteckte Crow nicht etwa in einem Genfer Zollfreilager oder dergleichen. Vielmehr hängte er sie gut sichtbar in seinem Zuhause in Dallas auf, so dass jeder Besucher in ihren zweifelhaften ästhetischen Genuss kommen konnte.

Crow, dessen Vater vom *Forbes Magazine* einmal als größter Vermieter der USA bezeichnet wurde, spendet Millionen an die Republican Party und ihr Vorfeld. Seit Jahrzehnten pflegt Crow enge Beziehungen zu dem Richter am US Supreme Court Clarence Thomas. Man mag sich ausmalen, wie Thomas unter den Werken des zwei Mal von der Wiener Kunstakademie abgelehnten »Führers« von Crow empfangen wurde. Immer wieder gewährte Crow auch Thomas finanzielle Zuwendungen und großzügige Gefälligkeiten, die jener wiederum zunächst verheimlichte. Darunter waren Flugreisen in Crows Privatjet, Jacht-Cruises, luxuriöse Urlaubsaufenthalte und anderes.

Dass Crow den erzkonservativen Richter Thomas umsorgt wie ein *patronus* der römischen Antike seinen Klienten, ist in der oligarchischen Logik des politischen Systems der Vereinigten Staaten nur folgerichtig. Seit vierunddreißig Jahren urteilt Clarence Thomas bereits am Supreme Court. In drei Jahren wird er der am längsten amtierende Supreme-Court-Richter der US-amerikanischen Geschichte sein. Er gilt als Protagonist der rechten Wende des Obersten Gerichts, war wesentlicher Architekt von Urteilen, die eine Stärkung des Rechts zum Waffenbesitz bewirkten *(NYSRPA v. Bruen)*, religiöse Vereinigungen im öffentlichen Raum stärkten *(Good News Club v. Milford Central School)* und bereitete mit seinen Sondervoten in vorangegangenen Entscheidungen das Ende des föderalen Abtreibungsschutzes vor *(Dobbs v. Jackson Women's Health Organization)*.

Thomas' Einfluss reicht weit über die Judikative hinaus. In der ersten Trump-Regierung waren über zwanzig seiner ehemaligen *clerks* als politische Beamte angestellt. Zugleich ist er erst der zweite afroamerikanische Richter am Supreme Court. Ein Leichtes wäre es nun, Thomas als »Onkel Tom« erscheinen zu lassen, als unterwürfigen Schwarzen, der sich willfährig dem rassistischen System fügt und den reiche Weiße mit fragwürdigen politischen Vorstellungen wie Harlan Crow insoweit zu Recht hegen.

Doch diese Deutung greift zu kurz. In Wirklichkeit hat Thomas ein ganz anderes, nämlich affirmatives Verhältnis zu seiner afroamerikanischen Identität. Er ist, was US-Amerikaner einen *black nationalist* nennen, jemand der glaubt, »Rasse« sei der Dreh- und Angelpunkt der Welt und Schwarzsein zentrales Strukturprinzip des eigenen Selbstverständnisses.[1] Diesem ideologischen Strukturprinzip ist Thomas' gesamtes Denken verpflichtet und selbstredend auch die Richtertätigkeit. Wer Hoffnung setzt in das emanzipatorische Potenzial einer Ausrichtung des Rechts auf *race*, wie es heutzutage öfter geschieht, sollte Thomas' Beispiel umsichtig studieren.

Ohnehin: Die Frage, wo Verfassungsrichterinnen ideologisch stehen und was das bedeutet, gewinnt an Relevanz, je stärker die Gerichte selbst zum Schauplatz polarisierter politischer Konflikte werden – ein Prozess, der auch in Deutschland längst begonnen hat. Die verpatzte Wahl von Frauke Brosius-Gersdorf an das Bundesverfassungsgericht hat offengelegt, wie sehr die öffentliche Wahrnehmung der Richterwahl von Zuschreibungen, Haltungen und Identitätslogiken geprägt ist. Der Blick in die USA gleicht hier dem auf einen Schattenriss unserer eigenen Zukunft, der uns undeutlich, aber unübersehbar warnt.

»Clarence X«

Clarence Thomas stammt aus dem ländlichen Georgia, aus einem Umfeld, in dem Gullah gesprochen wurde – eine Kreolsprache, die sich auf den Plantagen des Südens unter den Sklaven entwickelte und westafrikanische Sprachen mit dem Englischen vermengt. Wegen seines besonders dunklen Hauttons und seines Gullah-Akzents im Englischen hänselten ihn andere Schwarze. Noch innerhalb der afroamerikanischen Community selbst wuchs Thomas so auf eine Weise als Außenseiter auf. Während seines Studiums in den späten Sechzigern – gewissermaßen zum ersten Mal unter Weißen – wurde Thomas nach eigenem Bekunden ein *black radical*.[2] Er hängte ein Foto des radikalen Bürgerrechtlers Malcolm X in seinem Zimmer im Studentenwohnheim an die Wand, organisierte Proteste der schwarzen Studierenden gegen diskriminierende Praktiken der Universität und nahm an

1 Mark Tushnet, *Clarence Thomas's Black Nationalism*. In: *Howard Law Journal*, Nr. 47/2, 2004; Corey Robin, *The Enigma of Clarence Thomas*. New York: Metropolitan Books 2019.

2 Interview mit Thomas im *Neopolitique Magazine* vom 22. Oktober 1996.

Demonstrationen gegen den Vietnamkrieg teil. Die von Thomas gegründete Black Student Union der Universität forderte in ihrem Elf-Punkte-Manifest Schwarze dazu auf, unter sich zu bleiben – insbesondere, was die Partnerwahl betreffe. »The Black man's woman is the most beautiful of all women. [...] The Black man wants the right to perpetuate his race. [...] The Black man does not want or need the white woman.«[3] Rassenmischung war Thomas, der 1986 seine zweite Frau, eine Weiße, kennenlernen sollte, ein Anathema. Ein solcher *black nationalism* bedeutete zu dieser Zeit, die Rassentrennung zu vertreten. Man war gegen Integration und stellte der Idee einer Gemeinschaft der *races* ein Ideal schwarzer Autarkie entgegen. Der afroamerikanische Mensch – *idealiter* Mann – sollte selbstgenügsam sich unabhängig machen von den Versprechungen der weißen Welt, die in ihm letztlich nur Schwäche hervorrufen würden.

Thomas' Sohn, den er 1973 mit seiner ersten, schwarzen Frau Kathy bekam, nannte er Jamal. »You know where my head was when I named that child«, kommentierte Thomas rückblickend.[4] Deutschen Ohren entgeht die Konnotation des Namens und dessen soziale Symbolik. Die Sklavenhalter der USA nahmen den geraubten Afrikanern ihre Identität. Kaum ein Nachfahre von Sklaven in der westlichen Hemisphäre weiß heute, aus welchem Eck Afrikas seine Vorfahren kamen. Stattdessen tragen sie englische Namen – eine Tatsache, an die wir uns gewöhnt haben, weshalb wir ihre Eigentümlichkeit nicht mehr wahrnehmen. In der afroamerikanischen Black-Power-Bewegung der 1960er Jahre entstand aber ein starkes Bewusstsein dieser Anonymisierung als Kulturraub, der den Raub schwarzer Körper begleitete. Radikale Afroamerikaner legten in dieser Zeit ihre »slave names« ab, das berühmteste Beispiel unter ihnen ist sicher der von Thomas verehrte Malcolm X, der »X« ab 1950 an die Stelle seines Geburtsnamens »Little« setzte.[5]

Diese Suche der Diaspora nach Identität mündete schließlich in einer neuen, vermeintlich selbstbestimmten Namenspraxis, in der sich Afroamerikaner arabische Namen gaben, weil die Konversion zum Islam in den 1960er Jahren, nicht zuletzt durch die Bürgerrechtsaktivitäten der religiös-politischen Bewegung Nation of Islam, zu einem Marker afroamerikanischer Kultur wurde. Eine Ironie, bedenkt man die lange Geschichte der Versklavung von Afrikanern durch Araber. Unter den Afroamerikanern, die dieser Praxis folgten, fanden sich etwa Cassius Clay, der sich Muhammad Ali taufte, sowie

3 Diane Brady, *Fraternity*. New York: Spiegel & Grau 2012.

4 Rede in: *Headway Magazine*, Nr. 10 vom 31. Dezember 1998.

5 *The Autobiography of Malcolm X (as told to Alex Harvey)*. New York: One World 1992.

Malcolm X selbst, der seinen Namen (erneut) zu Malik el-Shabazz änderte. »Jamal« ist vor diesem Kontext gelesen weit mehr als eine bloße Namenswahl. Es war ein Bekenntnis zu einem spezifischen Verständnis von Schwarzsein, eine Affirmation afroamerikanischer Identität, eine Hinwendung zu (imaginierten) Wurzeln.

Damaskuserlebnis

In der zweiten Hälfte der siebziger Jahre wurde Thomas vom progressiven Radikalen zum republikanischen. Sein Damaskuserlebnis hatte er, als er die Schriften des rechtslibertären afroamerikanischen Denkers Thomas Sowell las. Sowell, eine Zentralfigur der konservativen Renaissance der Achtziger, leugnete die Existenz von strukturellem Rassismus in Amerika. Nicht die gesellschaftliche Stellung und die institutionellen Arrangements der Vereinigten Staaten brächten Afroamerikaner in marginalisierte Positionen, sondern schlicht ihre eigenen individuellen Entscheidungen. Staatliche Umverteilung und Affirmative-Action-Programme schwächten das Individuum, das in einer ungebändigten Marktwirtschaft für sich selbst und das eigene Fortkommen die alleinige Verantwortung trage.[6]

Thomas verwandelte sich also in einen Konservativen, wählte 1976 Gerald Ford und arbeitete ab 1981 für Ronald Reagan. 1987 heiratete er Virginia »Ginni« Lamp, die aus einem rechtskonservativen aktivistischen Elternhaus stammt und in den letzten Jahren zweifelhafte Berühmtheit wegen ihrer Unterstützung des sogenannten Sturms auf das Kapitol am 6. Januar 2021 erlangt hat.[7]

Der Fehler wäre, nun zu denken, diese Konversion Thomas' in den Siebzigern wäre auch eine Abkehr vom *black nationalism* gewesen. Das Gegenteil ist der Fall. Auch der radikale Konservatismus Thomas' speist sich aus dessen schwarzem Nationalismus. Noch bis weit in die 1980er Jahre hinein lobte er Malcolm X.[8] 1983 bezeichnete Thomas den antisemitischen und schwarzen radikalen Führer der Nation of Islam Louis Farrakhan als einen »man I have admired for more than a decade«.[9] Nur fünf Jahre bevor der Senat ihn an das Höchste Gericht wählte, bekundete Thomas, nie am »Altar der Integration

6 Thomas Sowell, *Race and Economics*. Philadelphia: David McKay 1975.

7 Florian Meinel, *Wie reformiert man ein kaputtes Gericht?* In: *Merkur*, Nr. 876, Mai 2022.

8 Bill Kaufmann, *Freedom Now II: Interview mit Clarence Thomas*. In: *Reason Magazine* vom November 1987.

9 Robert Pear, *Despite Praising Farrakhan in 1983, Thomas Denies Anti-Semitism*. In: *New York Times* vom 13. Juli 1991.

gebetet« zu haben.[10] Als George Bush Thomas zum Supreme Court nominierte, hörte der Justizausschuss des Senats Thomas' ehemalige Mitarbeiterin Anita Hill an. Sie warf Thomas sexuelle Belästigung vor. Der empörte Thomas bezeichnete die Anhörung öffentlich als »high-tech lynching for uppity blacks that in any way deign to think for themselves«.[11] Gewählt wurde er trotzdem. In seinen Urteilen und Sondervoten zitiert Thomas bis heute die großen Denker der afroamerikanischen Geistestradition wie W. E. B. Du Bois und Frederick Douglass.

Hierin offenbar sich ein Denkstrang, der die bislang vor allem progressiv verstandenen US-amerikanischen Black-Power-Bewegungen der siebziger und achtziger Jahre mit dem rechtslibertären Geist der Reagan-Regierung und dem radikalen Konservatismus verbindet. Der in Deutschland weit weniger als sein Gegenspieler Du Bois bekannte Bürgerrechtler Booker T. Washington beispielsweise war einer der frühen Exponenten dieses schwarzen Konservatismus. Washington, 1856 in Virginia als Sklave ohne Nachnamen und ohne genaues Geburtsdatum geboren, da beides für Sklaven überflüssig war, vertrat zu Zeiten des schärfsten Rassismus in den USA um 1900 den sogenannten Akkomodationismus. Afroamerikaner sollten ihre politischen Forderungen hintanstellen, stattdessen durch harte Arbeit, Moral und wirtschaftliche Selbständigkeit zeigen, dass sie »würdig« seien, die Gleichberechtigung zu erhalten.[12]

Diese Genealogie lässt sich fortschreiben. Selbst grundsätzlich fortschrittlich Gesinnte und heute gern referenzierte Figuren wie Marcus Garvey oder der frühe Malcolm X standen für schwarzes Patriarchat, brachiales Auftreten und zwielichtige Allianzen. Garvey traf 1922 einen Führer des Ku-Klux-Klan, lobte dessen Ehrlichkeit in der Rassefrage und betonte, dass weißer und schwarzer Separatismus dasselbe Ziel anstrebten. Vierzig Jahre später machte Malcolm X gemeinsame Sache mit der American Nazi Party – die Nazis besuchten eine Kundgebung der Nation of Islam volluniformiert und beflaggt, der Parteivorsitzende spendete symbolische zwanzig Dollar als Unterstützung für das gemeinsame Ziel der Rassentrennung.

Dahinter lauert im Verborgenen eine Strukturähnlichkeit von weißem und schwarzem Nationalismus. Beide behandeln auf der Basis einer identitären

10 Kevin Merida / Michael A. Fletcher, *Supreme Discomfort. The Divided Soul of Clarence Thomas*. New York: Doubleday 2007.

11 Jane Mayer / Jill Abramson, *Strange Justice. The Selling of Clarence Thomas*. Boston: Houghton Mifflin 1994.

12 Louis Harlan, *Booker T. Washington. The Making of a Black Leader, 1856–1901*. Oxford University Press 1972.

Logik *race* als unveränderlichen Faktor der Realität, der »Schwarze« und »Weiße« auf eine Weise trennt, die unüberwindbar erscheint. Beide kritisieren den Liberalismus, die staatliche Wohlfahrt und schwindende Mannhaftigkeit als Quellen des Übels.

Im Einklang mit diesem Denken ontologisiert Clarence Thomas »Rasse«. Dass es »Rassen« gibt und also auch Rassismus, ist für ihn eine unveränderliche Tatsache menschlicher Existenz. Thomas mystifiziert Rassismus. Dessen Wurzeln sind für ihn komplex und unergründlich. Die Unmöglichkeit einer Genealogie des Rassismus lässt uns in Thomas' Konzeption vor ihm erstarren. Thomas glaubt nicht, dass rassistische Diskriminierung jemals verschwinden kann. Hierin hebt er sich deutlich ab von der Art, wie der Mainstream des US-Konservatismus, dem er üblicherweise zugerechnet wird, über *race* nachdenkt. Wenn Thomas den großen Abolitionisten Frederick Douglass zitierend (»Do nothing with us!«[13]) die explizite Anknüpfung an *race* seitens des Staates geißelt, egal ob sie positiv oder negativ ist,[14] steckt dahinter nur oberflächlich der Wunsch nach Farbenblindheit. Nicht diese konservative Position ist es, der Thomas folgt – auch wenn er gelegentlich ihre Rhetorik verwendet. Es handelt sich vielmehr um ihr glattes Gegenteil: die identitäre Festschreibung von *race* und mit ihr eine Antipolitik, die aufgibt angesichts der unveränderlichen Wirklichkeit von *race*.

Am Supreme Court

Diese Haltung lässt sich an Thomas' Urteilen ablesen. Er beurteilt Fälle, wie er es tut, nicht obwohl, sondern weil er ein *black nationalist* ist. Selbst in Fällen, in denen *race* keine offensichtliche Rolle spielt, bringt Thomas sie auf. In *Citizens United v. FEC* beispielsweise entschied der Supreme Court 2010 über die Grenzen privater Wahlkampffinanzierung. Er legte das Recht zur freien Meinungsäußerung – der Erste Zusatzartikel zur US-Verfassung – dergestalt aus, dass es einer Einschränkung der Wahlkampffinanzierung durch Unternehmen entgegenstehe. Konservative begrüßten die kontroverse Entscheidung als Befreiung der Meinungsfreiheit von ihren Ketten. In seinem abweichenden Sondervotum berief sich der linksliberale Richter John Paul Stevens gegen die Entscheidung des Gerichts auf eine amerikanische Tradition der Wahlkampffinanzierungsbegrenzung. Ihr Grundstein sei der *Tillman Act* von 1907, das erste Gesetz in den Staaten, das Geldspenden von Unternehmen

13 Frederick Douglass, *Selected Speeches and Writings*. Chicago Review Press 1999.

14 *Grutter v. Bollinger*, 539 U.S. 306 (2003).

und Banken an Kandidaten für Bundesämter verbot. Der Namenspatron des Gesetzes war der *white supremacist* Senator Benjamin Tillman aus South Carolina, der Lynchmorde an Schwarzen im Senat verteidigte und sich damit brüstete, während der Rassenunruhen in seinem Bundesstaat 1876 als Anführer einer weißen Miliz Afroamerikaner massakriert zu haben.

Kurz nach dem *Citizens United*-Urteil schrieb Thomas in einer Entscheidung zu Waffenbesitz darüber, dass eine extensive Auslegung des Zweiten Zusatzartikels zur Verfassung – der Waffenbesitz – afroamerikanische Selbstverteidigung ermögliche. In der Tat: Es gibt eine lange schwarze Tradition des Waffenbesitzes in den USA, die sich aus der bedrängten Situation der von der Staatsmacht im Stich gelassenen Afroamerikaner in der Jim-Crow-Ära speist.[15] Später, 1967, waren es die radikalen *Black Panther* in Kalifornien, die auf ihr *Second Amendment* pochten, während ein konservativer Gouverneur von Kalifornien namens Ronald Reagan den Waffenbesitz zu regulieren suchte. In seiner *concurring opinion* hob Thomas nun explizit Tillman zur Illustration dieser Notwendigkeit hervor und erwähnte, obwohl der Fall damit unmittelbar nichts zu tun hatte, zynisch den *Tillman Act*: »Tillman's contributions to campaign finance law have been discussed in our recent cases on that subject.«[16] Thomas' auf den ersten Blick schlicht republikanische Position zur extensiven Auslegung des Zweiten Zusatzartikels entpuppt sich bei genauerem Hinsehen ebenfalls als *black nationalist*.

Vor diesem Hintergrund ist es nur konsequent, dass Thomas in Fällen, in denen *race* ein greifbarer Faktor ist, seinen *black nationalism* sogar exponiert. So etwa in *Parents Involved in Community Schools v. Seattle School District No. 1* (2007). Der Supreme Court entschied, dass *race* prinzipiell kein legitimes Differenzierungsmerkmal bei der Zuweisung von Schülern an Schulen sei. Thomas verwahrte sich in seiner *opinion* spezifisch gegen die von Unterstützern der Zuweisungen vorgebrachte Begründungslinie, es helfe schwarzen Schülern doch beim Lernen, neben weißen Schülern zu sitzen. Um das zu entkräften, führte Thomas – seinen intellektuellen Leitstern Sowell zitierend – die sogenannten *historically black colleges and universities* an, also Hochschulen, die nach der Abschaffung der Sklaverei zur Bildung schwarzer Akademiker gegründet worden waren. Der Erfolg solcher Unternehmungen, so muss man Thomas deuten, zeige wohl die Vergeblichkeit von Social Engineering durch »forced racial mixing«. Rassenmischung, so Thomas' »is not necessary to black achievement.«

15 James Forman Jr., *Locking Up Our Own: Crime and Punishment in Black America.* New York: Farrar, Straus & Giroux 2017.

16 *McDonald v. City of Chicago*, 561 U.S. 742 (2010).

Der ähnlich gelagerte Fall *Johnson v. California* (2005) betraf die Rechtmäßigkeit der in den Gefängnissen der USA noch immer praktizierten Segregation der Häftlinge nach ihrer »Rasse«. Thomas sah darin kein Problem. Die Aufteilung befand er für »neutral«, sie sei mit keiner Diskriminierung verbunden. Sie entspreche schlicht der Realität der Rasse und gewähre Stabilität. *Race* dient als Vorbedingung für staatliches Handeln. Das sind dieselben Argumente wie bei der Begründung für die formelle Rassentrennung in den USA zwischen den 1890er und 1960er Jahren.

Eng damit zusammen hängt *Virginia v. Black* (2003). Der Supreme Court hatte zu entscheiden, ob das »cross burning« von der Meinungsfreiheit umfasst sei oder als Bedrohung nach der sogenannten True-threat-Doktrin aus ihrem Schutzbereich herausfalle. Das Anzünden von Kreuzen wird seit Beginn des 20. Jahrhunderts mit dem Ku-Klux-Klan in Verbindung gebracht. Der terroristische Geheimbund setzte diese Praxis ein, um schwarze Amerikaner und andere marginalisierte Gruppen einzuschüchtern und zu bedrohen. Im Bundesstaat Virginia gab es ein Gesetz, welches das öffentliche Verbrennen von Kreuzen unter Strafe stellte, wenn es »mit der Absicht geschieht, eine Person oder Gruppe einzuschüchtern«. Das Gesetz enthielt die Beweisregel, dass bereits die Tatsache der Verbrennung eines Kreuzes als Absicht der Einschüchterung gilt. Das Gericht entschied, dass der Staat zwar das Verbrennen von Kreuzen unter Strafe stellen könne. Die weitgehende Beweisregel hingegen sei verfassungswidrig. Man dürfe nicht einfach unterstellen, dass jede Kreuzverbrennung Einschüchterungsabsicht enthielte – das müsse im Einzelfall nachgewiesen werden. Eine Kreuzverbrennung kann demnach geschützt sein, solange sie neutral ist und keine konkrete Drohabsicht vorliegt. Die moderat konservative weiße Richterin Sandra Day O'Connor begründete die mögliche Neutralität dieser Praxis mit ihrem Vorkommen im Schottland des 14. Jahrhunderts und in Walter Scotts Gedicht *The Lady of the Lake* von 1810 (»And while the Fiery Cross glanced like a meteor, round«). Thomas schrieb einen – eminent lesenswerten – *dissent*. In ihm schöpfte er tief aus dem Erfahrungsschatz der afroamerikanischen Geschichte, um zu argumentieren, dass *cross burning* immer eine Terrorbotschaft und nie freie Rede sei. Thomas warf den anderen Richtern in seinem *dissent* vor, dass sie als Weiße die wirkliche Bedeutung des brennenden Kreuzes niemals begreifen können. »In every culture, certain things acquire meaning well beyond what outsiders can comprehend.« Nur wer innerhalb des schwarzen Seins existiert, kein »outsider« ist, kann verstehen. Einmal mehr hebt Thomas sich hierin ab von den üblichen Konzepten des US-Konservatismus.

Zwei Einsichten

Aus Thomas' Beispiel lassen sich zwei Einsichten gewinnen. Die erste, abstraktere betrifft den Rassebegriff. Dieser ist unausweichlich verflochten mit Rassismus selbst. Noch die Affirmation »rassischer« Identität wiederholt eben jene Kategorien, die sie zu überwinden sucht. Der *black nationalism* vertieft sozial konstruierte ethnische Unterschiede, spiegelt seinen weißen Widerpart nicht klar, sondern wie die blank geputzten Metallplatten von ehedem verschwommen und dunkel. Wenn sich Marginalisierte auflehnen gegen ihre Unterdrückung, indem sie die ihnen aufgezwungene Identität bekräftigen, ist das nicht dasselbe, wie wenn Unterdrücker ihre weiße Vorherrschaft unverhohlen zelebrieren. Stanley Fish hat es auf die griffige Formel gebracht, der einzige Unterschied zwischen dem Ku-Klux-Klan und der schwarzen Bürgerrechtsorganisation NAACP sei, dass das eine eben der KKK und das andere die NAACP ist.[17] Damit war für ihn letztlich alles gesagt. Aber ebenso wenig ist der positive Bezug auf *race*, wie gelegentlich suggeriert wird, per se emanzipatorisch – das illustriert Clarence Thomas, dessen Konzeption von *blackness* mindestens nicht in sich unschlüssig ist, auch wenn wir ihre Konsequenzen ablehnen, nur zu gut.

Wie stattdessen umgehen mit den Markern von *race*? Schwarzsein etwa ist zweifelsohne eine geteilte Erfahrung mit einer sozialen Realität. Sie schafft Gemeinsamkeiten unter uns, als jenen, die diese Realität betrifft. Wir dürfen diese geteilte Erfahrung nur keinesfalls mit einer essenziellen Gruppenidentität verwechseln. Rassismus, Versklavung, Kolonialisierung, das sind aus unserer Sicht zunächst Widerfahrnisse. Nachher internalisieren und normalisieren wir diese aber als Reaktion auf das, was uns widerfahren ist. Wir nehmen uns selbst als die Anderen wahr.[18] Es passiert, was Philosophen eine »Hypostase« nennen. Sie findet statt, wenn abstrakte Begriffe vergegenständlicht werden und ihnen so eine seinsmäßige Dignität zugeschrieben wird, die sie nicht aufweisen. Was gesellschaftlich gemacht ist, erscheint auf einmal unverrückbar. Der emanzipatorische Horizont schließt sich. Die Kategorien der Rasse kupieren unsere Vorstellungskraft. Wer den Menschen beständig unter solche Kategorien subsumiert und meint, damit etwas über die wirkliche Welt gesagt zu haben, verfehlt die je eigene Lebendigkeit des Einzelnen und dessen Recht zur Selbsterschaffung.[19] Lassen wir die *color line* hinter uns,

17 Stanley Fish, *Versions of Academic Freedom*. University of Chicago Press 2014.

18 Frantz Fanon, *Peau noire, masques blancs*. Paris: Seuils 1952.

19 Vgl. Richard Rorty, *Contingency, Irony, and Solidarity.* Cambridge University Press 1989.

diesen Ausdruck der Rassentrennung, den W. E. B. Du Bois 1903 als das Problem des 20. Jahrhunderts bezeichnete.[20]

Der britische Kulturtheoretiker Paul Gilroy hielt nahezu hundert Jahre später zu Recht dagegen und resümierte, dass zwar das Jahrhundert der *color line* formell vorüber sei, jedoch: »Racial hierarchy is still with us.« Die Versuche, »Rasse« abzuschaffen, indem wir uns auf sie berufen, haben die Verstrickungen von *race* und Rassismus bewahrt, nicht abgebaut.[21] Das alte Vokabular, das Modell der *black pride*, kann gleichermaßen einen Clarence Thomas hervorbringen wie einen Langston Hughes oder eine Angela Davis.

Die zweite Einsicht aus Thomas' Beispiel ist konkreter und betrifft die Institution der Verfassungsgerichtsbarkeit sowie deren Besetzung. Zunächst sei gesagt, dass meine Analyse von Thomas' Denken keinesfalls als Plädoyer für eine Richtersoziologie in neuem Gewand verstanden werden soll. Es geht nicht darum, anhand der Persönlichkeiten der Richterinnen und Richter die Entscheidungen des Gerichts zu deuten. Im kollektiven Beratungs- und Entscheidungsprozess eines Gerichts entsteht eine Dynamik, die über die Positionen der einzelnen Mitglieder hinausweist. Die Einsichten sind demgegenüber weitaus nüchterner. Wenn wir heute sehen, dass Verfassungsgerichtsbarkeit als solche weltweit bedrängt ist,[22] müssen wir auch die Frage nach der Besetzungspraxis der Gerichte stellen.

In ihrer umfangreichen Studie der Verfassungsgerichte aller Weltteile hat die einstmalige Richterin am Bundesverfassungsgericht Gertrude Lübbe-Wolff – ihrerseits bekannt »für ihre schneidenden, intellektuelle Überlegenheit in Anspruch nehmenden Sondervoten«[23] – kürzlich zu Recht hingewiesen auf die »schwierige Aufgabe [...], für demokratische Legitimation und zugleich für eine Pluralität und Offenheit in der Besetzung« an Verfassungsgerichten zu sorgen. Sie verweist darauf, dass bei der Auswahl der Richter über Instrumente der »Diversifizierung« nachzudenken sei, um einseitige Dominanzen zu vermeiden.[24] Gerade in den USA mehren sich derzeit Debatten über die

20 W. E. B. Du Bois, *The Souls of Black Folk. Essays and Sketches*. Chicago: A. C. McClurg & Co. 1903.

21 Paul Gilroy, *Against Race. Imagining Political Culture Beyond the Color Line*. Cambridge/Mass.: Harvard University Press 2000.

22 Dieter Grimm, *Verfassungsgerichtsbarkeit*. Berlin: Suhrkamp 2021; Karl-Heinz Ladeur, *Verfassungsgerichtsbarkeit in der Krise? Deutschland, Europa, Nord- und Südamerika*. Tübingen: Mohr Siebeck 2021.

23 Christoph Möllers, *Das Gericht verständigt sich*. In: *FAZ* vom 27. Januar 2023.

24 Gertrude Lübbe-Wolff, *Beratungskulturen. Wie Verfassungsgerichte arbeiten, und wovon es abhängt, ob sie integrieren oder polarisieren*. Hrsg. von der Konrad-Adenauer-Stiftung Berlin 2022 (www.kas.de/de/einzeltitel/-/content/beratungskulturen).

Auswirkungen von Diversität auf die Richterbänke. Befürworter verweisen darauf, dass Richterinnen und Richter aus unterschiedlichen ethnischen und sozialen Hintergründen nicht nur für Repräsentation sorgen, sondern die Rechtsprechung substanziell beeinflussen können.

Angesichts der zunehmenden Politisierung der Richterwahl einerseits und der sich rapide verändernden ethnischen Zusammensetzung der Bevölkerung in Deutschland andererseits stehen uns vermutlich vergleichbare – und legitimerweise zu führende – Debatten bevor. Wir sollten uns aber, wenn wir sie führen, des Beispiels des erzkonservativen schwarzen Nationalisten mit dem NS-besessenen Gönner entsinnen. Jener hat seine Hitler-Malereien nach eigener Aussage mittlerweile abgehängt. Clarence Thomas hingegen judiziert noch immer und bereitet, so hört man, Entscheidungen vor, die dem erneut gewählten Präsidenten Trump unregulierte Exekutivmacht zugestehen werden. Eine identitäre Logik bewahrt uns in Deutschland und ganz Europa weder bei der Besetzung von Gerichten noch bei der Entscheidungsfindung vor vergleichbaren Schicksalen.

Timon Beyes

Soziale Farbe (IV)

Haut

I

Seit 2012 sammelt und dokumentiert das Humanæ-Projekt der brasilianischen, in Spanien ansässigen Fotografin Angélica Dass Hautfarben. 4500 Personen aus über 20 Ländern haben sich bisher gemeldet, um ihr Porträt – Kopf, Hals und Schultern – vor einem neutralen Hintergrund aufnehmen zu lassen. Die Fotografin entnimmt jedem Foto ein digitales Farbsample der Nase, das mit der standardisierten Farbpalette Pantones (mit seinen über 2000 Einzeltönen das dominante Unternehmen des globalisierten, kommerziellen Farbhandels) abgeglichen wird. Mittels dieses industriellen Farbschemas wird jeder Person ein Pantone-Farbton zugeordnet. Zudem wird der Bildhintergrund in der Nasen- beziehungsweise Pantone-Farbe eingefärbt, und jedes Porträt erhält als Bildunterschrift die entsprechende Pantone-Nummerierung.

Die visuelle Strenge der Aufnahmen erinnert an die freudlose Kopf- und Mundhaltung biometrischer Passbilder, angesichts der deutlich sichtbaren Nummerierung mag man auch an US-amerikanische Gefängnisfotos von Neuinhaftierten denken, an erkennungsdienstliche Behandlung in Form von üblicherweise auch mit einer Personennummer versehenen *mugshots*. Interessant sind die feinen Unterschiede: So wirkt eine ältere Dame, »Pantone 97-7 C«, eher skeptisch, vielleicht in Vorahnung des zartrosa Tons von Nase und Hintergrund; ein junger Mann, »Pantone 62-5 C«, schaut, wie einige andere, freundlich-optimistisch; ein Kind, »Pantone 71-6 C«, schmuggelt ein anarchisch wirkendes Grinsen in die standardisierte Sammlung.

Zusammengestellt in unterschiedlichen Anordnungen von Köpfen und Farben, die jeweils wie auf Farbkarten in gleichformatigen Kästchen neben- und untereinander aufgereiht werden (und damit auch an Fahndungsplakate erinnern können), produziert das Projekt mosaikartige Darstellungen der chromatischen Vielfalt menschlicher Haut in unterschiedlichen Größenordnungen. *The colours we share*: Insbesondere die größer gerahmten Poster oder Wandbilder mit ihren Zusammenstellungen einer Vielzahl von Porträts sind Sammelsurien wimmelnder Farbtöne, die scheinbar mühelos und willkürlich über das Spektrum dem menschlichen Auge zugänglicher Farben gleiten.[1]

1 Vgl. Angélica Dass, *The Colours We Share*. New York: aperture 2021 (angelicadass.com/photography/humanae/).

Oder die Farben, die uns teilen? Der farblich mit der Nasenspitze korrespondierende Hintergrund sowie die numerische Bezeichnung jeder abgelichteten Person gemäß Pantone-Kürzel scheinen zu suggerieren, dass die Vielfalt an Farbtönen in Kombination mit ihrer Kodifizierung in nun digitalen Datenbanken ein herausragendes Mittel der Identifizierung und Klassifizierung menschlicher Körper darstellt. Handelt es sich um eine Parodie oder Satire humanwissenschaftlicher Klassifizierung? Eine Untersuchung der Rolle der Farbe in diesen Zusammenhängen? Eine Strategie künstlerischer Überidentifikation, mit der die Kategorisierung und Hierarchisierung menschlicher Gruppen qua hautfarbenbasierter Raster ad absurdum geführt werden soll? Das Projekt ist langfristig angelegt und hat ein offenes Ende, denn, wie der britische Soziologe Paul Gilroy in seiner Kritik der epidermalen, hautfarbenbezogenen Verständnisse von »Rasse« fragt, wer könne schon wissen, wie viele Hautfarben es gebe.[2] Um Parodie und Satire geht es indes wohl nicht. Eher präsentiert die Fotografin ihr Projekt affirmativ – in Interviews, in millionenfach abgerufenen TED Talks sowie unterschiedlichen, mittels über den Globus verteilter Ausstellungen und prominent über Bildungsprojekte an Schulen – als zivilgesellschaftliche und edukative Intervention, mit der körperliche Vielfalt und menschliche Schönheit jeglicher Couleur gefeiert und gegen Vorurteile und rassistische Kategorisierungen vorgegangen werden soll. Dass es um das Humanæ-Projekt in den letzten Jahren etwas ruhiger geworden zu sein scheint, ist vor dem Hintergrund einer zu beobachtenden Renaissance unsäglicher »Rassenwissenschaft« und der politisch-affektiven Ausschlachtung eines vermeintlichen *anti-white feeling* nicht nur in den Vereinigten Staaten keine gute Nachricht.

Der brasilianische Hintergrund der Künstlerin mag eine Rolle spielen: Sie führt die Genese des Projekts auf die unterschiedlichen Hauttöne in ihrer Familie zurück und auf die Verknüpfung dieser Farben mit gesellschaftlichen Zuschreibungen, mit Farbe als Kraft sozialer Organisation und Stratifikation also, mit der sie jenseits des Familienkontexts konfrontiert worden sei. So existiert in Brasilien ein breitgefächertes Vokabular zur Benennung unterschiedlicher Hautfarben, und Forscherinnen und Kommentatoren sind uneins, ob Begriff und Konzept der »Rasse« und die damit verbundenen Hierarchien schlicht keine Rolle spielen oder ob der Alltag nuancierter Farbunterscheidungen einem komplexeren Schema rassifizierter Kategorien und ihrer Diskriminierungsverhältnisse gleicht. Zumindest ist der brasilianische Kontext eine Mahnung, angloamerikanisch geprägte Verständnisse von *race*,

2 Paul Gilroy, *Against Race. Imagining Political Culture Beyond the Color Line*. Cambridge / Mass.: Harvard University Press 2001.

colour line und eine rigide Teilung in schwarz und weiß nicht unterhinterfragt auf andere Kontexte zu übertragen, wo völlig andere Historien der Vermengung von Hautfarben, Klassifizierung und sozialer Schichtung in Betracht zu ziehen sind. So haben die Soziologen Pierre Bourdieu und Loïc Wacquant bereits vor einem Vierteljahrhundert (auch mit Blick auf den brasilianischen Kontext) davor gewarnt, partikulare nordamerikanische Annahmen und Erkenntnisse zu *race* und ähnlichen Begriffen zu universalisieren und auf andere Regionen anzuwenden, und diese Praxis provokant als kulturellen Imperialismus bezeichnet.[3]

Angélica Dass' Indienstnahme der Pantone-Datenbank zur Indizierung individueller Hautfarben führt diese »brasilianische« Nuancierung an ihren Extrempunkt. Zumindest im Englischen hantiert die Fotografin dabei recht unbekümmert mit dem *race*-Begriff, den sie zudem unmittelbar an Hautfarbe zu koppeln scheint – als sei Farbe nicht nur Medium, sondern Basis und Grund rassistischer Aufteilung von Menschen. Mit Blick auf die Komplexität und Situiertheit dieses Verhältnisses – und nicht zuletzt angesichts der langen Vorgeschichte des Einsatzes von Farbschemata zur Identifizierung und Klassifizierung von Hautfarben als Index von Gruppenzugehörigkeit und rassistisch kodierten Charakter- und Verhaltensmerkmalen – kann die Ernsthaftigkeit, Unbefangenheit und Technikgläubigkeit, mit der im Humanæ-Projekt Subjektivität qua Farbe indiziert und zelebriert wird, daher Unbehagen auslösen.[4] Es ist im Sinne digitaler Fahndungs-, Identifizierungs- und Kommerzialisierungslogiken zudem leicht vorstellbar, dass für Pantone und Konsorten hier zukünftige Geschäftsfelder des algorithmisch automatisierten Vertriebs personalisierter Farb- und Hautprodukte liegen. Ob Zustimmung oder Unwohlsein: Das Vorhaben interveniert in die vielgestaltige Geschichte der epidermalen Schemata, um Frantz Fanons berühmten Begriff zu zitieren, also in die Frage, wie (Haut)Farbe zum Organisationsprinzip des Sozialen wurde und (wieder) wird.

II

Das Unbehagen über die unbefangene Ernsthaftigkeit, mit der Pantone zum technischen Garanten egalitärer Hautfarbenverhältnisse werden soll, verweist auf eine der vielen Vorgeschichten von Farbschemata als Organisationsmedien

3 Pierre Bourdieu / Loïc Wacquant, *On the Cunning of Imperialist Reason*. In: *Theory, Culture & Society*, Nr. 16/1, 1999.

4 Vgl. Michael Rossi, *Ten Short Notes on Color, Anthropology, and Makeup*. In: *Grey Room*, Nr. 76, Sommer 2019.

sozialer Klassifizierung.[5] Bevor das Unternehmen zum Weltmarktführer in der Privatisierung und Vermarktung standardisierter Farben wurde, war Pantone eine kleine Farbdruckfirma im amerikanischen New Jersey, die auf Farbkarten für Kosmetikprodukte spezialisiert war; Hautfarbenbestimmungen und -abgleiche sind der Firma quasi historisch eingeschrieben. Heute ist sie Teil von X-Rite, einem Konzern für »Farbmanagementlösungen« für unterschiedliche Branchen. Auch das Munsell-System gehört inzwischen zu X-Rite und wird hier insbesondere für wissenschaftliche Einrichtungen und den öffentlichen Sektor vermarktet. So gelten Munsell-Farbschemata und -Karten zum Beispiel als Standard für die Durchführung psychologischer Experimente und anthropologischer Feldforschung. Letztere ist vor allem durch die einflussreiche, 1969 publizierte Studie *Basic Color Terms* des Anthropologen Brent Berlin und des Linguisten Paul Kay zu zweifelhaftem Ansehen gelangt. Die Berlin-Kay-Theorie besagt grob umrissen, dass es ein gemeinsames, angeborenes und global gültiges Repertoire an universellen Farbkategorien gibt. Das Vorhandensein diesbezüglicher Farbbegriffe lässt sich für verschiedene Regional- und Sprachkulturen messen und in evolutionäre Entwicklungsstadien einteilen: von der Fähigkeit zur Verbalisierung von Schwarz und Weiß (Stadium 1) bis hin zur Kommunikation mit Begriffen wie Orange, Lila, Grau und Rosa (Stadium 7). Mit Paul Kays großangelegter *World Color Survey* und ihren durchschnittlich 24 Testpersonen aus 110 Sprachräumen wurde die Analyse Ende der 1970er Jahre modifiziert und auf unterschiedliche Entwicklungspfade hin erweitert, wenn auch im Wesentlichen bestätigt.

Materiell und ideell beruhten diese Unterfangen auf Munsell-Farbchips (330 Stück im Fall der *World Color Survey*), die auf einem Karton montiert waren, der einer riesigen Farbkarte ähnelte, auf der die Befragten angeben konnten, welche Farbe oder welche Farben zu einem Farbbegriff passen würden oder könnten. Ähnlich wie das Pantone-System im Humanæ-Projekt fußt dieses Vorgehen auf der Annahme, dass das Munsell-Schema die Farbe erschöpfend und gültig darstellt: Eine Farbempfindung kann nur existieren oder gemessen werden, wenn sie Teil des Klassifizierungsraums des Schemas ist. Das bedingt wiederum die Annahme einer quasi neutralen, kontextunabhängigen Standardbeobachterin und ihrer Wahrnehmungsweise, auf deren Basis die Beziehungen zwischen Wellenlänge und Wahrnehmung zu modellieren sind. Dabei wird ausgeblendet, dass das gewählte Farbsystem und seine Sammlung von Farbreizen selbst auf ästhetischen und normativen

5 Vgl. Timon Beyes, *Soziale Farbe (I). Mocha Mousse, die Unordnung der Farbe und die Ordnung des Sozialen*. In: *Merkur*, Nr. 912, Mai 2025; ders., *Organizing Color. Toward a Chromatics of the Social*. Stanford University Press 2024.

Präferenzen beruhen – gerade die Entwicklung der Munsell-Farbtheorie war durchzogen von Unterscheidungen über »zivilisierte« und »unzivilisierte« Farbtöne, ihre Wahrnehmung und Verwendung.

Es kann dann kaum überraschen, dass die Ergebnisse eine überlegene Farbwahrnehmung vermeintlich entwickelter, westlich geprägter Regionen demonstrieren (in denen man in der Lage ist, elf grundlegende Farbbegriffe zu verwenden), denen unterentwickelte Kulturen gegenübergestellt werden, die noch nicht zu einem adäquaten Farbensinn gelangt seien (und die somit in evolutionär rückständige Stufen eingeteilt werden können). Einer ehemals kolonialistischen Benennung des »Primitiven« wird somit die wissenschaftlich vermeintlich abgesicherte Prämisse hinzugefügt, dass der westliche, postindustrielle Farbraum den wahren Ausdruck der Gesamtheit der Farbwahrnehmung enthält, dem sich andere Regionen redlich strebend annähern können. In scharfen Worten hat zum Beispiel die Anthropologin Barbara Saunders die *Basic Color Terms* und die *World Color Survey* kommentiert. Deren Ergebnisse seien durch die Verleugnung der Lebenswelt, die hanebüchene Annahme einer unvermittelten, unideologischen Wahrheit des Munsell-Farbschemas, die Verschleierung der damit einhergehenden Mess- und Analysetechniken sowie die Bereinigung von Daten erreicht worden. Es wäre müßig, so Saunders, hier zwischen Rassismus und Kolonialismus unterscheiden zu wollen.[6]

III

Offensichtlich ist, wie Farbe zum Medium sozialer Differenzierung und ihrer Machtverhältnisse wird. Ließe sich der Berlin-Kay-Theorie ein naiv anmutender Glaube an methodisch kontrolliertes Vorgehen zuschreiben, der sich um das Zustandekommen der eigenen farbeschematisch situierten Vorannahmen und die Grenzen ihrer Verallgemeinerung nicht schert, so ist die Geschichte der Verknüpfung von Hautfarbe und rassischen Zuschreibungen von abenteuerlicher Schlichtheit und Willkür geprägt. Sie verdeutlicht, so Gilroy, die grundlegende Absurdität von »Rasse« als Prinzip der Macht, Differenzierung und Klassifizierung. Die quasiwissenschaftliche Zuordnung von Hautfarben zu rassischen Kategorien gilt als Ausgeburt des europäischen Denkens des 18. Jahrhunderts. Sie ist Erfindung der frühen Naturwissenschaften sowie ein Aberwitz beziehungsweise eine Selbstdemontage der

6 Barbara Saunders, *The Spectre of Colour: A Sociobiological Paradigm*. In: *Science as Culture*, Nr. 8/4, 1999.

Aufklärung, deren Absurdität in Zeiten neuer Netzwerke der »Rassenwissenschaften«, finanziert und propagiert von Tech-Milliardären, in Erinnerung zu rufen ist.[7]

Zwei berüchtigte Versuche seien kurz erwähnt. Der schwedische Naturforscher Carl von Linné (oder Linnaeus) unterschied fünf Menschenarten anhand der Verbindung körperlicher Merkmale mit kulturellen Mythen und Annahmen. Es gebe, so fabulierte er, den roten Homo americanus rufus, gekennzeichnet durch schwarzes Haar und spärlichen Bart ebenso wie durch Eigenschaften wie Sturheit, Freiheit und Treue zu Bräuchen; den blassgelben Homo asiaticus luridus, ein unbeugsamer, aber stolzer Melancholiker, der von Meinungen beherrscht wird; den weißen, gelbhaarigen und blauäugigen Homo europaeus, sanft und erfinderisch sowie gesetzestreu; den schwarzen, seidenhäutigen Homo africanus, listig, launisch und träge zugleich; und zuletzt die eigentliche Außenseitervariante des Homo monstrosus, zu der dem fabulierenden Klassifikator zufolge Zwerge, Riesen und Menschen mit Missbildungen gehören. Warum zum Beispiel die Verbindung von Homo asiaticus und der Farbe gelb? Linnés lateinisches »fuscus« war ein vager Begriff, der für ein Spektrum dunklerer Farben stand. Anscheinend wurde »fuscus« in einer deutschen Übersetzung von Linnés *Systema Naturae* mit »gelblich« übersetzt, und von diesem Übersetzungsfehler aus nahm die Geschichte ihren Lauf.

Auch Immanuel Kant sticht mit seinem anthropologischen Frühwerk (rückblickend) unrühmlich hervor. Im Einklang mit zu seiner Zeit gängigen Annahmen über eine aus verschiedenen »Rassen« zusammengesetzte Menschheit und wohl unter dem Eindruck der selektiven Lektüre von Reiseberichten formulierte er zweifelhafte koloristische Thesen zu substanziellen, vermeintlich unveränderlichen Unterschieden zwischen den »Rassen«, deren Eigenschaften und Vernunftfähigkeiten direkt an Hautfarbe sowie angenommene Gesichts- und Haaresmerkmale gebunden wurden und mit denen sich Ungleichbehandlung und Willkürherrschaft leicht rechtfertigen ließen. Die Debatte darüber, ob es sich hier um eine außerphilosophische Verirrung im Frühwerk handelt, die gegenüber der eigentlichen Moralphilosophie und Kants explizit antikolonialem Kosmopolitismus wenig Aufmerksamkeit verdient, oder ob in diesen Schriften bereits vorweggenommen wird, welche Hautfarbenträgerinnen sich überhaupt für Moralphilosophie qualifizieren, ist für die Frage nach dem Organisationsprinzip Farbe zweit-

7 Vgl. David Pegg u.a., *Revealed: International »race science« network secretly funded by US tech boss*. In: *Guardian* vom 16. Oktober 2024 (www.theguardian.com/world/2024/oct/16/revealed-international-race-science-network-secretly-funded-by-us-tech-boss).

rangig.[8] Wichtiger ist die folgenreiche Rolle, die der Hautfarbe als nun einmal sichtbarstes phänotypisches Merkmal auch bei Kant zukam, dessen Einlassungen zur Popularisierung des Rassebegriffs und seiner Verwissenschaftlichung beitrugen. So stützte sich der sich ausbreitende Rassismus auf einen Kolorismus als Organisationsprinzip: auf die schiere Sichtbarkeit und die gleichzeitig symbolische und affektive Kraft der Hautfarbe.

IV

Als Organisationsprinzip einer symbolischen Ordnung ist Hautfarbe in Homi Bhabhas Worten der »sichtbarste aller Fetische« und evoziert ein öffentliches Allgemeinwissen, das sich tagtäglich in einer kaum überschaubaren Ansammlung unterschiedlichster Stereotype äußert.[9] Allerdings kann epidermale Farbe damit weder als eine Art Urgrund für rassische Unterscheidungen verstanden werden, noch sind diese zwangsläufig farblich kodiert. Die deutsch-amerikanische Geschichte bietet hierzu gewissermaßen das Paradebeispiel in Form der Nürnberger Rassengesetze, die von den US-amerikanischen *race laws* inspiriert waren und sich ihrer teils als Vorlage bedienten. Ein Problem war allerdings, dass die binäre Farbcodierung des US-Gesetzes nicht übertragbar war, da es in Deutschland keine vergleichbare *color line* gab, auf die man zurückgreifen konnte. Für die Behauptung eines auf vermeintlichen genetischen Differenzen basierenden Rasseverständnisses waren hauptfarbenbasierte Unterscheidungsmerkmale dann sekundär.[10] So gibt es farblich

8 Interessant für eine Farbenlehre des Sozialen ist indes, wenn Kant für eine Philosophie und Ästhetik der *blackness* neu gelesen wird, wie es Fred Moten mit seiner Figur des »Black Kant« unternimmt. Schwarz erscheint dann als chromatisch gesättigtes Feld der Unordnung, der »Anti-Epidermisierung«, die eine »soziale Chromatik der Farbe schwarz« als »störende, deformierende Kraft« erfordert. Kants taxonomisches Denken ist für Moten verflochten mit dem, was (wie die Farbe) der (rassifizierten, farbkodierten) Ordnung entgeht und sie untergräbt und wogegen Hautfarbenklassifikationen und ihre Fantasien und Vorurteile kontinuierlich konstruiert und reproduziert werden. Fred Moten, *Stolen Life* und *The Universal Machine*. Beide 2018 bei Duke University Press in Durham. – Alle Übersetzungen durch den Autor.

9 Homi Bhabha, *The Location of Culture*. Abingdon: Routledge 1994.

10 Vgl. James Q. Whitman, *Hitler's American Model. The United States and the Making of Nazi Race Law*. Princeton University Press 2017. Mit einem Fokus auf Hautfarbe als Alleinstellungsmerkmal des Rassismus lassen sich dann Hierarchien zwischen beispielsweise antisemitischer und rassistischer Diskriminierung behaupten. In Whoopi Goldbergs Worten (denen eine Entschuldigung folgte): »This is white people doing it to white people, so y'all gonna fight amongst yourselves«. Zit. n. *ABC Suspends Whoopi*

kaum oder nicht kodierte beziehungsweise »farbblinde« Elemente rassischer Theorie und rassistischer Vorurteile. Gemäß dem Soziologen Eduardo Bonilla-Silva, der wiederum über den gegenwärtigen US-Kontext schreibt, geht es bei der Anrufung von »Rasse« und ihren Hierarchieverhältnissen primär darum, Privilegien dauerhaft zu vergeben, zu sichern und zu verteidigen. Es gibt dann viele, teils subtile Möglichkeiten und Mittel, um Ressentiments jenseits oder über Hautfarbe hinaus zu institutionalisieren, angefangen bei alltäglichen Klassifizierungen geografischer, ortsbezogener und milieuspezifischer Hintergründe über Annahmen zu Gefällen in Werteeinstellungen und Arbeitsethik zur Betonung vermeintlich neutraler Marktdynamiken.[11]

Hinzu kommt, dass hautfarbenbezogene Unterscheidungen der Erfindung des »Rasse«-Narrativs und seiner Absurditäten weit vorausgehen und diesem nicht retrospektiv anheimfallen sollten. Lange bevor Hautfarbe und Hauttöne von der Anthropologie als taxonomisches Feld entdeckt wurden, spielten epidermale Unterschiede eine Rolle, und die Bedeutungen dieser Unterschiede variierten im Laufe der Geschichte und je nach Region. Sie waren nicht unbedingt mit Werturteilen behaftet. Begegnungen zwischen eher dunkel- und eher hellhäutigen Menschen führten in der Antike nicht zu vorurteilsbehafteten Darstellungen, heißt es beispielsweise mit Blick auf altgriechische und -römische Quellen. Es gab demzufolge kein epidermales Schema: Weder war Hautfarbe ein Zeichen von zugeschriebener Minderwertigkeit noch eine Grundlage für die Beurteilung anderer (und die antike Sklaverei war farbenblind).

Andererseits wurde Hautfarbe bereits in den Jahrhunderten vor der Erfindung des Rassenbegriffs auf vielfältige Weise zu einem Ordnungsprinzip sozialer Differenzierung. Man denke an das Unterscheidungsmerkmal einer helleren, nicht von der Sonne gebräunten Haut, die Freiheit von der Arbeit im Freien und in der Landwirtschaft symbolisierte, oder an die lange Geschichte religiöser Assoziationen von Weiß mit Reinheit und Tugend und Schwarz mit Unreinheit, Sünde und Gefahr. Solche Assoziationen sollten dann wiederum die Konstruktion der Rassentheorie prägen, die daraus anthropologische Wahrheiten und historische Kontinuitäten zu machen suchte.[12]

Goldberg Over Holocaust Comments. In *New York Times* vom 1. Februar 2022 (www.nytimes.com/2022/02/01/us/whoopi-goldberg-holocaust.html).

11 Eduardo Bonilla-Silva, *Racism without Racists. Color-Blind Racism and the Persistence of Racial Inequality in America*. Lanham: Rowman & Littlefield 2003.

12 Vgl. Nina G. Jablonski, *Living Color. The Biological and Social Meaning of Skin Color*. Berkeley: University of California Press 2012.

Die vorsichtigere Untersuchung hautfarbenbasierter Differenzierungsverhältnisse, die Begriffe und Annahmen rassischer Unterscheidung zumindest zunächst hintanstellt, hat nun auch die zeitgenössische Soziologie eingeholt. Dazu wird eine erweiterte Fassung des *colorism* jenseits von Schwarz und Weiß und ihren Zwischenstufen ins Feld geführt, mit der komplexere und feinere Mechanismen sozialer Unterscheidungen, Hierarchien und Privilegien in den Blick geraten. Hautfarbe bleibt Organisationsprinzip und eine bestimmende Kraft sozialer Unterschiede, die sich in unterschiedlichen Bereichen wie Beruf und Einkommen, Bildung und Gesundheitsversorgung, Mode und Konsum manifestiert. Critical Skin Theory neben oder anstatt Critical Race Theory also, eine Aufmerksamkeit für *doing colorism* neben oder anstelle von *doing race*, womit auch dem Vorwurf nordamerikanisch dominierter Denkweisen und Analyseraster begegnet werden kann (was Bourdieu und Wacquant als Imperialismus bezeichneten).[13] Was als attraktiv oder abstoßend, vorteilhaft oder unvorteilhaft, normal oder abweichend gilt, ist kontextabhängig und regional verschieden.

Beispielsweise scheint die Einschätzung von Hauttönen keineswegs überall und stets in Richtung einer Präferenz für hellere Töne zu tendieren und in rassisch kodierten Zuschreibungen aufzugehen. Auch das ästhetische Spiel mit unterschiedlichen Schattierungen verweist auf ein Gewimmel von Praktiken des Gebrauchs von synthetischen, auf die Haut aufgetragenen Farben. So hat Bibi Bakare-Yusuf basierend auf Beobachtungen in Nigeria gegen Vorstellungen der Hautaufhellung als westlich-neokolonialem und geschlechtsspezifischem Imperativ des »Weißens« argumentiert, dass es eben nicht um eine Abwertung der eigenen, dunklen Hautfarbe gehe. Stattdessen werde die vermeintlich überlegene Logik weißer Haut durch alltägliche Färbungspraktiken auch kritisiert und als instabil entlarvt. *Bleaching* sei bloß Teil eines globalisierten Feldes von Repräsentationen und Zeichen, auf dem *whiteness* auf die gleiche Weise konsumiert werden könne, wie *blackness* für den globalen Konsum von Coolness verfügbar sei.[14]

13 Ronald E. Hall, *The Globalization of Light Skin Colorism: From Critical Race to Critical Skin Theory*. In: *American Behavioral Scientist*, Nr. 62/14, 2018; Stefan Hirschauer/Matthias Krings, *Rassifizierende Humandifferenzierung. Ein Plädoyer für spezifizierende Vergleiche statt ethno-zentrischer Subsumtion*. In: *Berliner Journal für Soziologie*, Nr. 34/2, März 2024.

14 Bibi Bakare-Yusuf, *Yellow Fever, NKO?* In: *Chimurenga Chronic* vom 1. März 2013 (chimurengachronic.co.za/yellow-fever-nko/).

V

Die zügellose Welt der Farbe, so bell hooks, hat keine »Rasse« und kein Geschlecht.[15] Bakare-Yusufs Beobachtungen sind auch deswegen aufschlussreich, weil sie die unordentliche Kraft der Farbe für das Nachdenken und das Studieren des sozialen Kolorismus geltend machen. Dieser Kraft wird üblicherweise kaum Beachtung geschenkt, weil (Haut)Farbe als primäres Ordnungsmittel, als klar zu entschlüsselndes Medium visueller Lesbarkeit, Gewissheit und Gewalt verstanden wird. Mit Blick auf die Entstehung und Folgen epidermaler Schemata ist die Fixierung auf die chromatische Ordnung und Aufteilung des Sozialen unausweichlich. Man wünscht sich, diese Geschichte gewissermaßen entfärben zu können, eine Absage an Farbe zu vollziehen oder Farbe als Organisationsprinzip zu dekonstruieren, um ihrer Macht der Teilung und Aufteilung, Hierarchisierung und Diskriminierung zu entfliehen.

Oder es gilt, anders und neu zu kolorieren, die Kraft der Farbe zur Verwischung der mit ihr vollzogenen Aufteilungen des Sicht- und Sagbaren ernst zu nehmen. In diesem Sinn erinnern Bakare-Yusufs Beschreibungen genauso wie die buntscheckigen Mosaike von Angélica Dass' Humanæ-Initiative an die fundamentale Instabilität der Farbe, die die Bedingung chromatischer Ordnungssysteme ist und diese immer schon unterläuft. Eingefasst in globale Konsum- und Modetrends, erzählen alltägliche Praktiken des Stylings und der Verschönerung auch von koloristischer Transformation und Neuerfindung, die epidermale Schemata durchbrechen. Ermöglicht durch die Farbkartenapparatur Pantones, bergen die großformatigen Mosaike der brasilianischen Fotografin das Versprechen einer farblichen Unruhe, die sich nicht in kruden Taxonomien und ihren Vorurteilen stillstellen lässt.

Das Bewusstsein der chaotischen Sozialität von Farbe, verstanden als Medium von Organisation und Desorganisation, bedeutet dann, sich nicht damit zufrieden zu geben, den Kolorismus der Hautfarbenbestimmung und seine diskriminierenden und identitätspolitischen Auswirkungen zu dokumentieren. Eine kritische Hauttheorie zu verfolgen hieße zudem, die Augen offen zu halten für den Kolorismus von multiplen, fließenden, vergänglichen, zufälligen Farbtönen und Nuancen, für die Unbestimmtheit der Farbe, die die Faktizität des Hautfarbenkolorismus durchkreuzt.

15 bell hooks, *Art on My Mind. Visual Politics*. New York: The New Press 1995.

Oliver Lepsius
Die Kultur des Kompromisses

Mehrheit und Minderheiten

Die Mehrheit entscheidet. Hat deswegen aber die Minderheit das Nachsehen? Warum darf die Mehrheit entscheiden?[1] Sie hat ja nicht Recht, nur weil sie die Mehrheit ist. Sonst müsste die Minderheit umgekehrt ja Unrecht haben oder Unrichtiges vertreten, was einer pluralistischen Demokratie mit Meinungsfreiheit widerspräche. Gleichwohl mögen sich viele im Recht wähnen, weil sie die Mehrheit sind. Man spürt dies, wenn sich Gruppen, mögen sie noch so stark sein, auf »das Volk« berufen. Man sei das Volk, man spreche für das Volk, man verkörpere den Volkswillen – hinter solchen Formeln steckt ein Richtigkeitsanspruch, ein Anspruch auf Rechthaben, der rhetorisch mit der Mehrheit operiert. Wer vom Volk spricht, invoziert subkutan immer eine Position der ganz breiten Mehrheit, aus welcher wiederum ein Durchsetzungsanspruch der einen Seite und eine Fügsamkeitserwartung an die andere Seite abgeleitet wird.

Wäre es anders, hätte die Mehrheit Recht, drohte deren Tyrannei. Eine Mehrheit könnte ihre Überzeugungen mithilfe des Majoritätsprinzips dekretieren und die Auffassungen der Minderheit unterdrücken. Ein so verstandenes Majoritätsprinzip schafft eine freiheitliche Gesellschaft nur für den jeweils größeren Teil, nicht aber für alle. Diese Schlussfolgerung verändert unsere Blickrichtung. In der Demokratie geht es nicht nur um Mehrheit, sondern auch um Freiheit: Jede Meinung wird grundsätzlich gleich geschätzt. Demokratie basiert auf Relativismus. Man muss die gegenteilige Meinung zumindest für möglich halten. Der Wettbewerb gleichberechtigter Meinungen wird sozialtechnisch durch ein Mehrheitsvotum entschieden. Das Majoritätsprinzip ist eine Entscheidungsregel, keine Richtigkeitsregel. Das Majoritätsprinzip wirkt formell, nicht materiell.

Auf eine mehrheitlich getroffene Entscheidung lassen sich die Beteiligten nicht kraft ihrer inneren Überzeugung ein. Die Unterlegenen müssen die Meinung der Mehrheit nicht billigen. Die Minderheit beugt sich der Entscheidung der Mehrheit nur in der Erwartung der Chance, ihrerseits einmal zur Mehrheit zu werden und dann die Entscheidung zu ändern. Ohne eine

1 Zur demokratischen Rechtfertigung des Mehrheitsprinzips vgl. Werner Heun, *Das Mehrheitsprinzip in der Demokratie. Grundlagen – Struktur – Begrenzungen*. Berlin: Duncker & Humblot 1983.

solche Chance fehlte die freiwillige Akzeptanz der Mehrheitsentscheidung. Sieht eine Minderheit keine Chance, ihrerseits einmal als Teil der Mehrheit die eigenen Überzeugungen umzusetzen, hat sie an der Aufrechterhaltung einer Mehrheitsregel, die immer nur den anderen nützt, kein dauerhaftes Interesse. Im Übrigen besitzt eine Minderheit immer auch die Möglichkeit, auf die Entscheidungen der Mehrheit einzuwirken: formell durch das Diskurs- und Entscheidungsverfahren (Partizipation, Öffentlichkeit), materiell durch die Inanspruchnahme von Grundrechten, die zu Vetopositionen erstarken können.

Insofern etabliert das parlamentarische Verfahren bereits als solches einen Kompromiss, ohne dass dafür ein politisches Vorsortieren nach Mehrheiten und Minderheiten etwa in Gestalt einer Fraktionsbildung nötig wäre.[2] Fehlt am Ende jedoch die Akzeptanz der Mehrheitsentscheidung durch die Minderheit, muss die Entscheidung mit Zwang durchgesetzt werden. Das gelingt gegenüber individuellen Delinquenten, aber nicht gegenüber sozialen Gruppen, die sich politisch organisieren. Je nach der Zahl der Delinquenten und ihrem Gruppenbezug stellte sich bei der zwanghaften Durchsetzung von Mehrheitsentscheidungen irgendwann die Frage nach dem Polizei- und Unterdrückungsstaat. Eine Gesellschaft, in der Regeln permanent mit Zwang durchgesetzt werden müssten, wäre, unabhängig davon, wie man zu diesen Regeln steht, keine freiheitliche Gesellschaft. Erneut sehen wir: Gerade in der majoritären Demokratie geht es immer auch um Freiheit.

Das Majoritätsprinzip setzt daher die Chance voraus, zur Majorität zu werden. Es funktioniert nur mit einem Wettbewerb um Mehrheiten. Dieser wiederum setzt andere Meinungen voraus. Wenn sich in einem Wettbewerb der Meinungen neue Mehrheiten bilden, dann kann nicht nur eine Minderheit zur Mehrheit werden, sondern es gilt auch umgekehrt: Mehrheiten können zur Minderheit werden. Jeder kann sich potenziell in der Minderheit wiederfinden. Gerade deswegen hat auch die aktuelle Mehrheit ein Interesse, die formalen, verfahrensbezogenen Positionen der aktuellen Minderheit zu achten. Die Achtung der Anderen erfolgt im wohlverstandenen Eigeninteresse.

Das Majoritätsprinzip geht also Hand in Hand mit Pluralismus und Relativismus. Eine soziale Vielheit muss sich im politischen Wettbewerb formen und finden, Zäsuren produzieren, also abstimmen und Mehrheiten erzeugen. Daraus entstehen neue Meinungen, eine Dynamik der fortwährenden politischen Entwicklung der Ideen und ein kontinuierlicher Ausgleich der

2 Zur Förderung von Kompromissen durch das parlamentarische Verfahren und einer daraus abgeleiteten Rechtfertigung des Majoritätsprinzips vgl. Hans Kelsen, *Vom Wesen und Wert der Demokratie*. Tübingen: Mohr 1929.

Interessen. Wenn Mehrheiten ein deswegen immer nur vorübergehender Zustand sind, dann erleichtert dies die Akzeptanz ihrer Entscheidungen. Wir können Mehrheitsentscheidungen akzeptieren, weil wir sie nicht für richtig halten müssen und wissen, dass wir sie ändern können. Akzeptanz setzt daher weder die Übereinstimmung der Akzeptierenden voraus noch gar eine Überzeugung von der Richtigkeit.[3] Die Akzeptanz der Minderheit gründet darauf, anderer Ansicht bleiben zu dürfen. Die Minderheit akzeptiert die Akzeptanzbedingungen der Entscheidung, nicht die Entscheidung selbst.

Gilt das auch für die Mehrheit? Muss jedenfalls sie die Entscheidung inhaltlich teilen als Bedingung für ihre Akzeptanz? Worauf also gründet die Akzeptanz der Mehrheitsentscheidung durch die Mehrheit selbst? Ist sie an die Entscheidung gebunden, weil sie sie legitimiert hat? Wäre dem so, dann hätte die Mehrheit ein Freiheitsproblem. Ihre Freiheit ginge in der arithmetischen Zustimmung unter. Die Mitglieder der Minderheit behielten ihre eigene Meinung, während die Mitglieder der Mehrheit die eigene Meinung eingetauscht hätten gegen die Zugehörigkeit zur Mehrheit.

Man müsste dieses Problem dann auch so formulieren können: Die Nein-Sager muss nichts einen. Jeder darf aus seinen persönlichen Überzeugungen dagegen sein. Die Ja-Sager hingegen müsste etwas einen: Sie benötigten eine inhaltliche Übereinstimmung als Voraussetzung für die Mehrheitsbildung. Das wäre eine merkwürdige Annahme, weil sie die Nein-Sager privilegierte. Sie behielten ihre Freiheit, nein sagen zu dürfen und das aus unausgesprochenen Gründen zu tun, denn es kann ihnen ja egal sein, warum andere gleichfalls nicht zustimmen. Anders läge es bei den Zustimmenden: Sie müssten wissen, warum andere zustimmen, weil sonst keine Mehrheit zustande käme. Warum aber sollten, unter dem Aspekt der individuellen Meinungsfreiheit, Nein-Sager privilegiert werden, indem sie mehr Freiheiten genießen als die Ja-Sager?

Natürlich behalten auch die Mitglieder der Mehrheit eine eigene Meinung. Auch sie müssen die Mehrheitsentscheidung grundsätzlich nicht richtig finden. Das ist schon die abstrakte Konsequenz des Relativismus, aber auch eine konkrete Konsequenz des Meinungswettbewerbs. Wer sagt, dass man an seiner Meinung immer festhält? Bei einem Wettbewerb der Meinungen als Voraussetzung für das Mehrheitsprinzip als formelle Entscheidungsregel gilt natürlich auch für diejenigen, die am Tag eins eine Mehrheit bilden, dass sie am Tag zwei eine andere Meinung haben dürfen. Sie müssen der Mehrheitsentscheidung nicht deswegen folgen, weil sie ihr einmal zugestimmt haben. Auch sie dürfen ihre Meinungen ändern, auch sie bleiben gegenüber der

3 Vgl. Niklas Luhmann, *Legitimation durch Verfahren* [1969]. Frankfurt: Suhrkamp 1983.

Mehrheitsentscheidung frei. Die Freiheit in der Demokratie ist eine gleiche. Sie kann nicht für die Minderheit anders gedacht werden als für die Mehrheit.

Mit dieser Beobachtung relativiert sich die Vorstellung einer »Herrschaft« der Mehrheit. Das Majoritätsprinzip führt gerade nicht zur Mehrheitsherrschaft.[4] Es setzt sich zwar eine Mehrheit durch, aber diese Mehrheit ist immer eine relative, die keine beständige Überzeugungsgemeinschaft voraussetzen kann. Wenn dem so ist, weil eine majoritäre Demokratie einen Pluralismus nicht bloß vorfindet, sondern ihn zugleich erzeugt, weil es notwendig immer andere Meinungen und deshalb potenziell andere Mehrheiten gibt, dann wird die Schlussfolgerung unausweichlich: Im Grunde gibt es gar keine Mehrheit. Es gibt nur eine rechnerische Übereinstimmung, aber keine inhaltliche.

Was eint nun nach einem Wahlergebnis diejenigen, die der erzeugten Mehrheit durch ihre Stimmabgabe zugestimmt haben? Sie wissen es ex ante nicht einmal. Die Wähler der Parteien, die 2021 die Ampelkoalition bildeten, wussten bei der Stimmabgabe nicht, für welche Mehrheit sie im Ergebnis stimmen. Die Wähler der FDP werden sicher ganz andere Vorstellungen gehabt haben als die seinerzeitigen Wähler der Grünen. Wie die Mehrheit nach der Bundestagswahl 2025 aussehen würde, war bei der Stimmabgabe höchst unklar. Hätte das BSW 0,1 Prozent mehr Stimmen erhalten, wäre die jetzige Regierungskoalition nicht möglich, ein dritter Koalitionspartner unvermeidlich gewesen und damit nur eine neue, »schwarze Ampelregierung« entstanden. Letztlich hat die Linke die Bundestagswahl entschieden, indem sie auf den letzten Metern dem BSW die entscheidenden Stimmen abgenommen hat. Aber kein Linken-Wähler, dessen Stimme diesen Effekt hatte, wird einen Kanzler Friedrich Merz gewählt haben wollen.

Handlungsfähigkeit durch Nachgeben

Mehrheiten existieren also nicht, sie werden hergestellt. Es gibt real keine Mehrheit, sondern nur Minderheiten. Daraus folgt die Einsicht: Eine Mehrheit entsteht aus den kompromissfähigsten Minderheiten. Die Ja-Sager eint keine inhaltliche Überzeugung, sondern nur ein formeller Grad an Zustimmung. Wie hoch muss er sein? Ob der Grad bei 50 oder bloß bei 30 Prozent liegt, wird jeder für sich beantworten müssen. Typischerweise hängt der Grad mit dem Wahlergebnis zusammen. Die stärkste Partei wird den höchsten Grad an Zustimmung reklamieren. Eine schwache Partei wird ihre Chance, zur Mehrheit zu gehören, schon bei einem geringeren Grad an Zustimmung wahrnehmen. Eine Partei, auf die es als Mehrheitsbeschaffer

4 Vgl. Hans Kelsen, *Allgemeine Staatslehre* [1925]. Tübingen: Mohr 2019.

am Ende ankommt, kann den Preis wiederum hochschrauben und mehr verlangen, als ihr nach dem Wahlergebnis eigentlich zustünde (was übrigens Sperrklauseln im Wahlrecht rechtfertigt, weil ansonsten Kleinparteien einen überproportional großen Einfluss erlangen könnten). Unabhängig davon, wie hoch der Zustimmungsgrad ist, bleibt die Zustimmung immer nur eine relative. Sie wird erteilt unter der Bedingung, dass eine andere Meinung möglich bleibt. Niemand muss das Ergebnis der Zustimmung inhaltlich teilen, zumal sich auch niemand inhaltlich durchsetzt. Einen Kompromiss einzugehen heißt also, ein bestimmtes Ergebnis unter bestimmten Bedingungen für vorzugswürdig zu halten, nicht jedoch, es zu seiner eigenen Meinung machen zu müssen. Kompromiss ist eine Technik des gegenseitigen Nachgebens: von den 100 Prozent des Parteiprogramms zu den X Prozent der Koalitionsvereinbarung. Alle, die nachgeben, kriegen nicht, was sie wollten, aber alle kriegen eine Durchsetzungschance für Teile ihres Programms.

Man kann ein solches Nachgeben defizitär saldieren. Wer nachgibt, heißt es dann gerne, sei nicht standfest, zeige kein Rückgrat, sei charakterlos, verrate die eigene Klientel. Es ist dann von Zurückweichen oder Einknicken die Rede, weil es »um die Sache gehe«. Wähler reagieren auf ein Nachgeben meist mit dem Vorwurf, Wahlversprechen seien gebrochen worden. Dabei gilt als Grundregel doch: Wer Mehrheiten erzeugen will, muss nachgeben und kann demzufolge seine Wahlversprechen nicht einseitig durchsetzen, muss sie also – jedenfalls teilweise – »brechen«. In der Wahl dienen Versprechen der Motivierung zur Stimmabgabe; nicht aber dürfen sie als eine inhaltliche Festlegung für die Zeit nach der Wahl verstanden werden, weil ansonsten Mehrheiten nicht erzeugt werden könnten und man im Übrigen auch auf Veränderungen nicht reagieren könnte. Selbst unter der unwahrscheinlichen Bedingung, dass eine Partei einmal eine eigene Mehrheit hätte, entstünde das oben behandelte Freiheitsproblem, wenn diese Partei an einmal getroffenen inhaltlichen Aussagen stur festhielte.

In unserem politischen System müssen »Wahlversprechen« unweigerlich »gebrochen« werden. Das lässt sich nicht vermeiden aus Gründen der Mehrheitserzeugung wie der Aufrechterhaltung der Entscheidungsfreiheit innerhalb der Mehrheit. Es zeugt von Unverstand, wenn in der (Medien) Öffentlichkeit das »Brechen« von Wahlversprechen zum Vertrauensverlust führt. Die Konsequenz wäre doch: Nur Nein-Sager könnten sich treu bleiben. Würde eine solche Treue moralisch gepriesen, ließe sich die Handlungsfähigkeit eines politischen Systems nicht herstellen. Warum aber haben wir abstrakt die Erwartung, dass Wahlversprechen umgesetzt werden müssen und andernfalls ein Vertrauensverlust droht, wenn das politische System der

Mehrheitsbeschaffung konkret darauf angewiesen ist, dass die Ja-Sager nachgeben müssen? Es wäre fatal, wenn die Nein-Sager als die Charakterfesten dastehen, weil dies hieße, dass Handlungsunwilligkeit moralisch prämiert würde.

Man kann ein solches Nachgeben aber auch positiv saldieren.[5] Der Klügere gibt nach, sagt der Volksmund. Wenn sich alle Gruppen zunächst in der Position einer Minderheit vorfinden, dann können sie durch die Technik des Nachgebens inhaltliche Anliegen verwirklichen, obwohl sie von einer Mehrheit rechnerisch weit entfernt sind. In der Verwirklichungsperspektive gibt der Nachgebende weniger auf, als er durch Dabeisein dazugewinnt. Durch Kompromisse gibt man seine Ursprungsüberzeugung nicht preis, aber man verzichtet auf deren vollständige Umsetzung. Durch die Zustimmung, die man dadurch mit anderen erzielt, gewinnt man etwas, was man vorher nicht hatte: eine Mehrheit.

Wir können also festhalten: In der Demokratie ist als Leistung eines politischen Systems nicht mehr zu erwarten als ein Kompromiss. Der Kompromiss ist die Voraussetzung für die Handlungsfähigkeit des politischen Systems. Er macht aus Überzeugungen Entscheidungen. Kompromisse werden jedoch meist negativ konnotiert. Das in Deutschland mit Kompromissen typischerweise einhergehende Adjektiv lautet »faul«.[6] Wer Kompromisse eingeht, kompromittiert sich. Die verantwortlich handelnden Politiker müssen sich auf den Parteitagen vor ihrer Basis rechtfertigen. In Talkshows werden sie mit früheren Äußerungen konfrontiert und an diesen gemessen. In der Summe herrscht in der Öffentlichkeit der Eindruck, es würden Überzeugungen reiner Machttaktik geopfert. Regierungsparteien erleiden dann unweigerlich einen Vertrauensverlust, während Oppositionsparteien, vor allem extreme Parteien, die nie oder nur selten in Verantwortung eingebunden sind, als die Glaubwürdigen dastehen. Oder verantwortungsethisch handelnden Politikern wird Zaudern und Entscheidungsschwäche vorgeworfen, wenn sie sich zur Mehrheitsbeschaffung mit dauernden Kompromissverhandlungen beschäftigen müssen. Man erinnere sich an das Image von Bundeskanzler Scholz. So wird in Deutschland der Kompromiss meist als Verlust und Defizit empfunden,[7]

5 Beispiele dafür bei Véronique Zanetti, *Spielarten des Kompromisses*. Berlin: Suhrkamp 2022.

6 Von der Trennbarkeit guter Kompromisse von faulen, moralisch nicht zu rechtfertigenden geht auch Avishai Margalit aus (*Über Kompromisse und faule Kompromisse*. Aus dem Englischen von Michael Bischoff. Berlin: Suhrkamp 2011).

7 In anderen Ländern ist das umgekehrt. Für die Haltung in den Vereinigten Staaten vgl. etwa Eduard Baumgarten, *Von der Kunst des Kompromisses. Studie über den Unterschied zwischen Amerikanern und Deutschen*. Stuttgart: Hirzel 1949.

obwohl er in Wirklichkeit einen Gewinn und eine Sozialtechnik darstellt, um Meinungen und Überzeugungen in Entscheidungen zu verwandeln.

Volkswille und Willensfreiheit

Aus dem Satz, ohne Kompromisse hat man nur Meinungen, erst der Kompromiss macht aus Meinungen Entscheidungen, folgt zugleich: Ohne Kompromisse besäßen wir als politisch handelnde Gemeinschaft keine Einigung, Orientierung und Handlungsgewissheit. Das verwundert, denn man könnte ja meinen, es gäbe einen Volkswillen und zu diesem müsse sich der Kompromiss notgedrungen defizitär verhalten. Er sei bestenfalls eine Annäherung an den Volkswillen, eigentlich eine Abweichung vom Volkswillen. Wahrscheinlich liegt in dieser gedachten Differenz eine Hauptursache für die schlechte Presse von Kompromissen nach dem Motto: Wir wollen die Herrschaft des Volkswillens, aber wir bekommen die Herrschaft des Kompromisses. Das Problem freilich ist, dass es einen Volkswillen nicht gibt.

Es kann ihn aus drei Gründen nicht geben. Erstens lässt er sich empirisch nicht erheben. Wie sollte man einen solchen Volkswillen erheben, wenn nicht durch eine Wahl? Das Wahlergebnis aber bildet keinen einheitlichen Willen ab, sondern es erzeugt politische Minderheiten, die erst durch Kompromisse eine Mehrheit bilden können. Zweitens: Selbst wenn man annähme, es gäbe einen Volkswillen, entstünde das Problem, ob er feststeht oder sich wandelt. Wie ginge man mit dem Volkswillen, der am Tag eins erhoben worden wäre, am Tag zwei um? Wie am Tag hundert? Wäre am Tag tausend der Volkswille von Tag eins immer noch handlungsleitend? Selbst wenn es einen Volkswillen gäbe, könnte aus diesem keine irgendwie geartete Bindung folgen. Er wäre schon am Tag zwei politisch nutzlos. Drittens gibt es kein Subjekt, keinen Träger des Volkswillens. Als Volk hat das Volk keinen Willen. Einen Willen äußert das Volk nur als Wähler. Die Wähler sind jedoch nicht identisch mit dem Volk. Säuglinge zählen zum Volk, nicht zu den Wählern. Ausländer können zu Wählern zählen (Unionsbürger), nicht aber zum Volk, wohl aber zur Bevölkerung. Wähler können zum Volk, nicht aber zur Bevölkerung zählen (Auslandsdeutsche). Bevölkerung – Volk – Wähler – Volljährige: Das politisch handelnde Subjekt bedarf der juristischen Konstruktion.

Von einem Volkswillen zu sprechen, ist im Lichte der hier zu erbringenden Konstruktionsleistung geradezu naiv. Ein Wille muss immer einem Subjekt zugerechnet werden. Kollektive, aber auch Organe haben keinen Willen. Sie erzeugen einen Willen: durch Wahl, durch Repräsentation. Ein erzeugter Wille kann dem Organ oder einem Kollektiv zugerechnet werden, darf aber nie mit einem tatsächlichen Willen verwechselt werden, der sich kollektiv

Wählen Sie Ihre Buchprämie

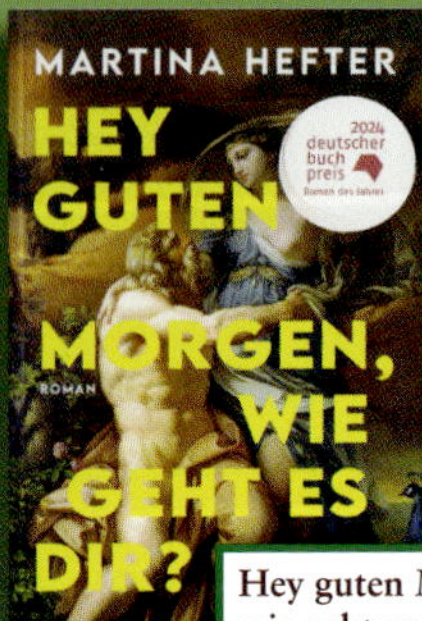

Hey guten Morgen, wie geht es dir?
Martina Hefter

Warum wir sterben
Venki Ramakrishnan

Stürzende Imperien
Peter Heather,
John Rapley

25EIN

Entgelt
zahlt
Empfänger

Absender

Vorname, Name

Straße und Hausnummer

PLZ und Ort

Telefon (optional für Rückrufe)

E-Mail

Aboservice
+49 (0) 89 / 85 853 – 868 | klett-cotta@cover-services.de

Deutsche Post
ANTWORT

Leserservice
Verlag Klett-Cotta
Postfach 13 63
82034 Deisenhofen

weder zeigt noch erhoben werden kann. Man stelle sich vor, es wäre anders. Was passierte dann mit dem eigenen Willen, wenn er mit dem sogenannten Volkswillen nicht übereinstimmt? Wäre er unzulässig, unrichtig, sozialschädlich, dürfte er unterdrückt und bekämpft werden? Die Rede vom Volkswillen hat nichts Basisdemokratisches, sondern ist latent totalitär, weil dort kein Platz für Minderheiten im Wettbewerb um Mehrheiten wäre.

Die Vorzüge des Kompromisses zeigen sich nun gerade im Kontrast zu einem gedachten Volkswillen. Kompromisse ermöglichen und belassen die individuelle Willens- und Handlungsfreiheit. Darin liegt eine wichtige Voraussetzung für den Wettbewerb in der Demokratie und zugleich eine Leistung der Demokratie. Demokratie soll ja eine Herrschaftsform sein, in der die Herrschaft nicht die individuelle Freiheit beseitigt oder ersetzt. Das garantiert gerade die Kultur des Kompromisses.

In diesem Zusammenhang ist auf eine wichtige Differenz hinzuweisen. Ein Kompromiss ist kein Konsens, und er darf auch nie für einen Konsens gehalten werden.[8] Beim Konsens teilen die Beteiligten das Ergebnis inhaltlich. Sie sind gemeinsam zu derselben Überzeugung gelangt. Das ist beim Kompromiss gerade nicht der Fall. Hier handelt es sich um ein strategisches, instrumentelles Verhalten des gegenseitigen Nachgebens, und zwar nur um so viel, bis sich ein gemeinsamer Nenner eingestellt hat. Dieser Nenner muss nicht inhaltlich geteilt werden, sondern er wird formal akzeptiert. Anders als beim Konsens wollen die Beteiligten dieses konkrete Ergebnis eigentlich nicht. Aber sie wissen, dass unter den gegebenen Umständen im Kompromiss ein tragfähiges und damit durchsetzbares Ergebnis liegt. Nur ein schlichtes Beispiel: Ein Ehepaar plant zwei Wochen Urlaub. Sie will ans Meer, er will an die Berge. Nur ein Plan lässt sich zeitlich und finanziell verwirklichen. Wie sähe ein Kompromiss aus? In diesem Jahr fahren sie ans Meer, im nächsten Jahr geht es in die Berge. In der Zeitachse kann jeder um die Hälfte nachgeben, dann setzt jeder seinen Willen zu 50 Prozent um, und der Ehefrieden bleibt erhalten.

In Wirklichkeit wollen alle Beteiligten zumindest teilweise etwas anderes. Von dem einen mehr, von dem anderen weniger oder vielleicht überhaupt nicht das eine oder das andere, sondern etwas Drittes, eine weitere Alternative

8 Anders argumentiert hier die Diskurstheorie, die Konsense herstellen will. Vgl. Jürgen Habermas, *Faktizität und Geltung. Beiträge zur Diskustheorie des Rechts und des demokratischen Rechtsstaats*. Frankfurt: Suhrkamp 1992. Die von ihr bezweckten vernünftigen und fairen Ergebnisse sind konsensfähig, weil sich der Konsens auf die rechtsstaatlichen und demokratischen Ausgangsbedingungen (Diskursregeln) erstreckt. Deshalb rechnet sie mit einer »höherstufigen Intersubjektivität von Verständigungsprozessen« – eine Eigenschaft, die Kompromisse weder erreichen werden noch sollen.

oder eine Variante. In der Sache wird der Kompromiss daher einerseits beschlossen und durchgesetzt, aber alle dürfen an seiner Überwindung und Abänderung arbeiten. Man muss den Kompromiss gerade nicht inhaltlich billigen, auch wenn man ihn förmlich durchsetzt. Diese potenzielle Distanz zum gefundenen Ergebnis bewältigt einen politischen Spagat: Einerseits wird im Namen aller entschieden, andererseits behält jeder seine Entscheidungsfreiheit. Ein Kompromiss reduziert die Handlungsfreiheit – man ist formal gebunden –, aber er beseitigt nicht die Willensfreiheit – man kann ihn deshalb trotzdem inhaltlich infrage stellen und an seiner Überwindung arbeiten. Kompromisse befeuern den politischen Wettbewerb, gerade weil sie keine Konsense sind, sondern nur auf Zeit geschlossen werden, immer ein Verfallsdatum in sich tragen, auf Veränderung oder Verbesserung gerichtet sind. Kompromisse erzeugen daher Pluralismus, während Konsense Pluralismus reduzieren.

Unter der Herrschaft von Kompromissen sind daher alle freier, obwohl alle weniger bekommen, als sie wollen.[9] Das mag paradox klingen. Man stelle sich aber vor, man müsste die Ergebnisse eines Kompromisses als Ausdruck der eigenen Willensfreiheit billigen. Das bewirkte nur eine permanente Unzufriedenheit mit dem politischen System. Leider glauben viele, demokratisch sei etwas erst, wenn sie selber zugestimmt haben, wenn sie das Ergebnis also selber teilen. Konzeptionell wäre das allerdings ein Vertrag, nicht jedoch eine Herrschaftsform, die alle einbezieht. Die Idee, ein demokratisches Optimum sei erreicht, wenn alle zustimmen, ist nicht nur unrealistisch, sondern auch unfreiheitlich.

Erhöhung und Begrenzung der Kompromissfähigkeit

Kompromisse pflegen durch Repräsentanten ausgehandelt zu werden. Erst durch Repräsentation lassen sich Minderheiten und Mehrheiten erkennen.[10] Im politischen System sind die Akteure des Kompromisses Vertreter: Mandatsträger der Parteien und Fraktionen, Abgeordnete als Vertreter des Volkes. Das Einschalten von Repräsentanten in die Kompromissbildung bringt Vorteile. Repräsentanten verfolgen mit der Repräsentation typischerweise keine eigenen Interessen, sondern vertreten die aggregierten Interessen anderer.

9 Zur Rechtfertigung des Majoritätsprinzips aus dem Gedanken der Freiheit und des Kompromisses vgl. Kelsen, *Allgemeine Staatslehre*.

10 Vgl. Hasso Hofmann / Horst Dreier, *Repräsentation, Mehrheitsprinzip und Minderheitenschutz*. In: Hans-Peter Schneider / Wolfgang Zeh (Hrsg.), *Parlamentsrecht und Parlamentspraxis in der Bundesrepublik Deutschland*. Berlin: de Gruyter 1989.

Schon die Aggregation von Einzelinteressen zu kollektiv vertretbaren Interessen bewirkt eine Entemotionalisierung und Generalisierung dieser Belange, was sie auf einer politischen und sozialen Ebene diskutierbar werden lässt. Interessen können dadurch die Sphäre des Eigeninteresses verlassen und sich als allgemeine Belange präsentieren, die zum einen von der (aufgrund des Relativismus) geschuldeten grundsätzlichen gegenseitigen Wertschätzung und zum anderen von der durch Verallgemeinerung erzielten Abwägbarkeit profitieren.

Formierung und Aggregation setzen Repräsentanten voraus. Würde der Einzelne seine Interessen vertreten, wäre die Frage des Nachgebens wieder eine Frage der inneren Glaubwürdigkeit, die sich moralisieren ließe, was Kompromisse psychologisch erschwert. Repräsentanten können mit Interessen demgegenüber leidenschaftsloser umgehen, was ihrer Abwägung mit anderen Interessen (mögen es andere der eigenen Klientel oder solche der anderen Gruppen sein) zuträglich ist. Solche gruppenbezogenen und gruppenübergreifenden Abwägungen könnte ein Einzelner vor dem Horizont seiner subjektiven Interessen kaum treffen – man verlangte sonst von ihm eine Doppelrolle, die in der einen oder anderen Rolle einen Konflikt auslöste. Repräsentation ist daher eine Technik, die die Willens- und Handlungsfreiheit des Repräsentierten absichert. Würde er selbst entscheiden, verlöre er jedenfalls die Distanz zu seiner Entscheidung, er müsste sie billigen und könnte sich insofern nicht mehr ungebunden, also nicht mehr frei verhalten.

Das Einschalten von Repräsentanten ist daher ein Faktor, der das Aushandeln von Kompromissen begünstigt: Die Belange werden durch sie diskursfähig aufbereitet, sie können in der gruppeninternen wie in der gruppenübergreifenden Verhandlungsposition gegeneinander und miteinander abgewogen werden, was essenzielle Voraussetzungen des gegenseitigen Nachgebens sind. Repräsentanten können auch Paketlösungen schnüren, um punktuelle Konflikte durch die Einbeziehung weiterer Aspekte zu lösen, weil der Bereich, in dem nachgegeben werden kann, damit erweitert wird. Im Abstimmungsprozess verwandeln sich die ursprünglichen Interessen von Individuen oder Gruppen und stellen nun ihrerseits Kompromisse dar, die weiteren Kompromissen dienen. Die Interessen wurden in eine strategisch-taktische Form gebracht, die zwar nicht mehr unmittelbar den ursprünglichen Einzelinteressen entspricht, dafür aber politisch durchsetzungsfähiger ist.

Die Kompromissfähigkeit wird sodann durch die Legislaturperioden erhöht. Jede Neuwahl führt unweigerlich zu neuen Mehrheiten, was die Verhandlungspositionen der Minderheiten als Bedingung für ihre Akzeptanz neu arrondiert. Durch die Begrenzung der Majoritätsverhältnisse auf Zeit kann prinzipiell jeder Kompromiss, so sich sein Gegenstand nicht erledigt hat, neu verhandelt werden. Er ist nicht in Stein gemeißelt, was ja auch eine Bedingung für seine Akzeptanz war.

Es lassen sich noch weitere Faktoren benennen, mit denen die Kompromissorientierung eines politischen Systems erhöht werden kann, etwa Konfliktthemen aus einer moralischen Zuordnung herauszunehmen und sie stattdessen zu politisieren. Wird ein Thema zu einer Gewissensfrage, zu einer Glaubensfrage oder berührt es gar die Identität, so dürften Kompromisse ausgeschlossen sein. Gläubige zu einem Kompromiss zu zwingen dürfte an Missionierung erinnern. Erlaube ich meinem Gewissen Kompromisse, muss ich mich selbst für charakterlos halten. Identität bezeichnet einen Bereich des Unverfügbaren, der ein Nachgeben schon deswegen nicht ermöglicht, weil man seine Identität nicht durch Willens- und Handlungsfreiheit verändern und deswegen auch nicht nachgeben kann, selbst wenn man die Bereitschaft dazu hätte.

Es ist für eine politische Ordnung deshalb nie sinnvoll, gesellschaftliche Konfliktfelder zu Glaubens- oder Gewissensfragen zu erklären oder als Identitäten zu verhandeln. Wer eine Identität reklamiert, verlangt von seinem Gegenüber einen Respekt, über den gerade nicht verhandelt werden kann. Das aber bedeutet: Je mehr Identität in einer politischen Ordnung reklamiert wird, desto brüchiger wird die Akzeptanz der Demokratie und desto unfreiheitlicher wird die politische Ordnung, weil beide Kompromisse voraussetzen. Identitätsdiskurse sind daher tunlichst zu vermeiden – auch wenn das nicht dem Trend der Zeit entspricht.

Ebenso kontraproduktiv ist es, Themenbereiche aus der politischen Verhandelbarkeit auszunehmen, indem man sie konstitutionalisiert, also einer verfassungsrechtlichen Determination zuweist. Das ist etwa die Konsequenz, wenn Freiheiten zu einem Teil der Menschenwürde gezählt werden. Die Menschenwürde gilt absolut, sie ist nicht abwägbar und blockiert deshalb notgedrungen jeden Kompromiss. Aber auch das Verlagern von Themenfeldern auf die verfassungsrechtliche Ebene engt den Spielraum von Kompromissen ein und erschwert dadurch die Akzeptanz und Stabilität einer demokratischen politischen Ordnung. Über die Frage der Staatsverschuldung sind dann plötzlich keine Kompromisse mehr möglich, oder man muss eine Karlsruher Entscheidung einholen, um den Bereich des Kompromisses auszuloten, was ihn dann schon aus Gründen der Zeitverzögerung als Handlungsoption ausscheiden lassen wird.

Umgekehrt enthält die Verfassung aber auch kompetentielle, institutionelle und verfahrensorientierte Grundregeln, die Kompromisse fördern, wenn nicht gar als verfassungsrechtlich gewolltes Handeln erzwingen. Grundrechte fungieren als Abwägungsstoppregeln und sichern Minderheitenrechte, die keine politische Mehrheitschance besitzen. »Gruppifizierte Grundrechte« können aber auch als Partizipationserzwingungsrechte eingesetzt werden, denn sie liefern potenzielle Stoppregeln. Man kann mit ihnen die politische Verhandlungsposition verbessern und auf Kompromisse Einfluss nehmen, selbst wenn man nicht Teil der Mehrheit ist. Der Föderalismus sorgt für eine Versiebzehnfachung der Entscheidungsarenen, was unweigerlich zu einem Wettbewerb der Kompromisse führt (wie wir es etwa im Sicherheitsrecht beobachten).

Schließlich errichtet das Grundgesetz Gegenöffentlichkeiten, man denke an Medien, Wissenschaft, Kirchen, Geldpolitik, Tarifpolitik. Sie wirken auf die demokratischen Mehrheitsbildungen und Kompromisse ein. Sie schirmen diese Gegenöffentlichkeiten von den Mehrheiten und den Kompromissen aber auch ab. Weite Themenbereiche unterliegen nicht der demokratischen Legitimation. Hier wird nach anderen Handlungsrationalitäten entschieden. Es entscheiden keine Mehrheiten, die sich aus Kompromissen zusammensetzen. Die Kultur des Kompromisses setzt daher eine verfassungsrechtliche Grundverteilung der Bereiche voraus, über die nicht mehrheitlich entschieden werden soll. Und diese verfassungsrechtliche Grundverteilung setzt eine politische Grundverteilung voraus, welche Themen dem Kompromiss entzogen werden, indem sie privatisiert oder konstitutionalisiert werden. Auf diese Weise werden sowohl die Reichweite als auch der Spielraum von Kompromissen selbst zum Gegenstand von Kompromissen.

Moritz Rudolph

Vollkommen zersplittert

Ein Leibniz-Europa als Modell für die Welt

Jürgen Habermas ist so etwas wie der vorauseilende Hausphilosoph der Europäischen Union. Jede Bewegung im gemeinsamen europäischen Bauvorhaben wird von ihm aufmerksam registriert, kommentiert – und in den vergangenen Jahren häufiger auch kritisiert. Denn das Projekt Europa ist ins Stocken geraten. Allen Vorschlägen aus Paris zum Aufbau einer gemeinsamen »Souveränität« zum Trotz klammern sich die Nationalstaaten eifersüchtig an ihre Kompetenzen. Vor allem von ihrer Steuer- und Wehrhoheit, den roten und weißen Blutkörperchen des Staates, wollen sie partout nichts hergeben, weshalb es mit Europa schon seit Jahren nicht so recht vorangeht. Doch nun könnte Bewegung in die Sache kommen. Die Infragestellung des US-Atomschirms durch Donald Trump hat die Europäer aufgeschreckt, Umfragen zufolge fühlen sie sich europäischer denn je, und die Befürworter einer Verteidigungsgemeinschaft werden mehr.

So sieht auch Habermas die Chance zu einem weiteren Integrationsschritt gekommen. In der *Süddeutschen Zeitung* forderte er den Aufbau gemeinsamer Verteidigungskapazitäten, um den Wegfall der amerikanischen Sicherheitsgarantie zu kompensieren.[1] Daraufhin entspann sich eine kleine Debatte: Der Historiker Norbert Frei pflichtete Habermas bei, wies jedoch auf das Bedrohliche der Situation hin, denn falls es nicht klappt, eine gemeinsame Militärpolitik aufzubauen, stünden sich bald hochgerüstete nationale Armeen in Europa gegenüber. Der Publizist Joseph de Weck zeigte sich in der *Frankfurter Allgemeinen* optimistischer: Er sah den Moment zur »Wiedergeburt« Europas gekommen, den heißersehnten Übergang vom Staatenbund zum Superstaat.[2] Nur der Philosoph Paolo Becchi goss in der *Berliner Zeitung* etwas Wasser in den leckeren europäischen Wein: Europa werde sich nie zu einer Gemeinschaft zusammenschließen, die Identitäten seien regional und national verankert, und die Schaffung eines Brüsseler Supergebildes werde daran nichts ändern. Konflikte könnten sich eher verschärfen.[3]

1 Jürgen Habermas, *Für Europa*. In: *SZ* vom 21. März 2025.

2 Joseph de Weck, *Jetzt wirklich: Wiedergeburt Europas!* In: *FAZ* vom 3. April 2025.

3 Paolo Becchi, *Alles nur Heuchelei: Warum sich die EU wohl nie zu einer Gemeinschaft entwickeln wird*. In: *Berliner Zeitung* vom 19. März 2025 (www.berliner-zeitung.de/open-source/warum-sich-die-europaeische-union-wohl-nie-zu-einer-gemeinschaft-entwickeln-wird-li.2306768).

Interessant ist nun, dass sowohl Becchi als auch Habermas einen Punkt haben: Wenn Europa sich nicht zusammenschließt, wird es zum Spielball der anderen Großmächte, ein gefundenes Fressen vor allem für Putins Russland. Wird die Vereinigung jedoch mit der Brechstange durchgeführt, können Konflikte im Innern ausbrechen, die Europa ebenfalls destabilisieren. Außerdem verstärkt der Ausbau Europas zur Großmacht die Spannungen mit anderen Großmächten, die Kriegsgefahr steigt.

Der geheime Vater Europas

Einen Ausweg aus diesem Dilemma bietet möglicherweise die Harmonielehre von Gottfried Wilhelm Leibniz, immerhin der geheime Vater der europäischen Einigung, der seltsamerweise kaum zur Begründung Europas herangezogen wird. Das EU-Motto »E pluribus unum« (»aus vielen eines«) variiert Leibniz' Überzeugung, dass sich Ordnung und Verschiedenheit gegenseitig bedingen: Jedes logische, physische, metaphysische und gesellschaftliche System müsse der unendlichen Vielfalt menschlich-göttlicher Ausdrucksformen Rechnung tragen und sie rechtlich in einen harmonischen Zusammenklang bringen. Leibniz' Suche nach Harmonie wurzelt in der Nachkriegsgesellschaft des späten 17. Jahrhunderts. Europa, vor allem Deutschland, hatte sich im Dreißigjährigen Krieg zerfleischt, fortdauernde religiöse Streitfragen ließen den Frieden als fragilen Kompromiss erscheinen, und die aus dem Konfessionskampf gestärkt hervorgegangenen Fürsten machten dem Kaiser das Regieren schwer.

Wie allem Chaos zum Trotz Ordnung in die Welt kommt – und am Ende sogar das Gute, das Bestmögliche –, fragte sich der 1646 in Leipzig geborene Tausendsassa auf verschiedensten Gebieten. Leibniz war Jurist, Philosoph, Mathematiker, Historiker, Sprachforscher, Erfinder, Diplomat und Politikberater. Er arbeitete unter anderem für den Kurfürsten von Mainz und den Herzog von Braunschweig, aber auch als Berater des Kaisers. In zahlreichen Denkschriften machte Leibniz Vorschläge zur Reform des Heiligen Römischen Reiches Deutscher Nation, eines Gebildes, das der heutigen EU erstaunlich ähnlich war: Schwankend zwischen Zentral- (damals Kaiser, heute EU-Institutionen) und Partikulargewalt (damals Fürsten, heute Nationalstaaten), war das Reich weder ein Staatenbund noch ein Bundesstaat. Der Rechtsgelehrte Pufendorf bezeichnete es als »irreguläres Monstrum«, das sich der üblichen politischen Theorie entzieht und Aristoteles Kopfzerbrechen bereitet hätte.[4] Das Reich war Monarchie und Aristokratie, Staat und

4 Samuel von Pufendorf, *Die Verfassung des deutschen Reiches* [1667]. Hrsg. von Hans Maier u. Michael Stolleis. Leipzig 1994.

Nichtstaat, Einheit und Vielheit zugleich. Nach innen wirkte es strukturlos, nach außen schwach – ein gefundenes Fressen für expansionistische Herrscher wie Ludwig XIV., der das Reich von Westen her bedrohte, und Sultan Mehmed IV., der es im Osten angriff.

Vorschläge zur Reichsreform

Leibniz schlug daher vor, den Kaiser mit zusätzlichen Kompetenzen auszustatten, um die Verteidigungsfähigkeit des Reiches zu stärken. Auch sollte eine gemeinsame Bundeskasse eingerichtet werden. Gleichzeitig war Leibniz jedoch ein Befürworter der Fürstenautonomie.[5] In den Landesherren erkannte er die wahren Regenten, die ihre jeweiligen Kleinstaaten – es gab mehr als dreihundert – geschickter lenken können als der ferne Kaiser aus Wien. In Leibniz' Parteinahme fürs Partikulare haben einige Interpreten ein Einknicken vor den machtpolitischen Realitäten gesehen. Allerdings war Leibniz in anderen Zusammenhängen nie um einen großen Wurf verlegen, egal wie abenteuerlich er auch schien: Dem französischen König empfahl er beispielsweise ein Engagement in Ägypten und dem russischen Zaren die Suche nach einer Landverbindung nach Amerika. Wenn Leibniz also das Reich mit seinen Partikulargewalten verteidigte, dann dürfte er tatsächlich davon überzeugt gewesen sein, dass hier Vernunft im Spiel ist.

Tatsächlich gibt es eine tiefe Übereinstimmung zwischen Leibniz' Metaphysik und seinen Denkschriften zur Reichsreform. In beiden kommen Vielheit und Ordnung, Zerstreuung und Bündelung, Kleines und Großes zu ihrem Recht. Leibniz ist der Philosoph der winzigen Monade – eine Art beseeltes Atom – *und* der »universalen Harmonie«,[6] des großen Zusammenklangs, des kosmischen Konzerts aller Dinge. Ihm scheint eine beinahe dialektische Beziehung vorzuschweben, wenn er schreibt: »Je größer sowohl die Vielfalt als auch die Einheit in der Vielfalt, desto größer ist die Harmonie.«[7] Das Zusammenwirken ergibt sich für Leibniz also aus der Vielheit, die sich voll und ganz ausleben kann. Wo dies unterbunden wird, wird dagegen die Harmonie gestört. Es knirscht und knackt im Gebälk, und irgendwann stürzt es zusammen.

5 Gottfried Wilhelm Leibniz, *De jure suprematus ac Legationis Principum Germaniae* [1677]. In: Ders., *Sämtliche Schriften und Briefe.* Reihe IV: *Politische Schriften,* Bd. 2. Berlin: Akademie 1963.

6 Kurt Huber, *Leibniz. Der Philosoph der universalen Harmonie* [1951]. München: Piper 1989.

7 Gottfried Wilhelm Leibniz, *Elementa verae pietatis* [1677/78]. Zit. n. Hans Poser, *Gottfried Wilhelm Leibniz. Zur Einführung*. Hamburg: Junius 2005.

Für das Reich bedeutet das: Gerade weil es aus so vielen kleinen und unterschiedlichen Territorien besteht, ist es ein harmonisches Gebilde. Gestört wird es vom Zentralisierungseifer des Kaisers oder von Fürsten, die sich über andere erheben. Tatsächlich ging es nicht an zu viel Heterogenität zugrunde, sondern an zu wenig, am Machtzuwachs zweier Einheiten, die sich über die jeweils andere hinwegsetzten: Im mittleren 18. Jahrhundert – Leibniz war da schon tot – sprengten Preußen und Österreich die fragile Reichseinheit, indem sie eine allzu eigenständige Außenpolitik betrieben. Napoleon erledigte den Rest.

Einheit ohne Homogenität

Wir können auch sagen: Berlin und Wien zertrümmerten den Konsens und damit das Grundprinzip dieser seltsamen Rechtsfigur »Reich«, an der Leibniz so hing. Er erkannte im Reich eine »wohl geordnete«[8] Alternative zur hobbesschen Gewaltherrschaft, ein herrlich anachronistisches Relikt aus dem Mittelalter, das zugleich in die Zukunft weist, wenn wir den modernen Egoismus einmal hinter uns gelassen haben, das Neuzeitlich-Fiese, das seit Machiavelli im Umlauf war und von Hobbes zur Diktatur gesteigert wurde.

Während rundherum lauter souveräne Nationalstaaten entstanden, mit klar umrissenem Territorium, eindeutigem Zentrum, festgelegtem Glauben und einem Herrscher, der alle Macht auf sich vereinte, gab es im Reich überlappende Loyalitäten, komplizierte Rechtskreise und sorgsam austarierte Arrangements bezüglich der Konfessionen. Alle schlichen unendlich vorsichtig umeinander herum und zögerten lieber, als den ersten Schuss abzugeben. Wer die Macht hatte, wo sie lag und ob sie überhaupt lokalisierbar war, wusste niemand. Auf seltsame Weise schaffte es das Reich dennoch, eine Einheit zu bilden. Die Institutionen arbeiteten einigermaßen zuverlässig. Der Reichstag tagte, das Reichskammergericht sprach Recht. Und auch wenn der Kaiser kein Powerhouse nach hobbesschen Vorstellungen war, respektierte man ihn doch. Er hatte zwar nicht die »Souveränität« inne, wohl aber die »Majestät«, den Glorienschein einer höheren Art Macht. Er verkörperte eine Einheit ohne Homogenität, Autorität ohne Gewalt, Recht ohne Herrschsucht. Diese Macht wirkte subtiler, als Hobbes sich das vorstellen konnte, der als zerknirschter, ängstlicher Mann in den Kategorien von Unterwerfung

8 Gottfried Wilhelm Leibniz, *Ermahnung an die Teutschen, ihren Verstand und ihre Sprache beßer zu üben, samt beigefügtem Vorschlag einer deutschgesinnten Gesellschaft* [1682/83]. Hannover 1846.

und Aufstand dachte und im Reich daher bloß die »reine Anarchie«[9] walten sah.

Leibniz aber, dieser grenzenlose Optimist, erwartete von Politik ein bisschen mehr. Er konnte sich nämlich durchaus einen Konsens vorstellen, der der Macht den Beigeschmack der Überrumpelung nimmt.[10] Im Reich sah er ihn verwirklicht, wenn auch mit Schwächen. Das Reich war für Leibniz eine intakte Staatenfamilie, die den Religionsfrieden sicherte, immense Kulturleistungen ermöglichte und nach außen nicht aggressiv auftrat – im Grunde also das politische Supplement einer harmoniebedürftigen Welt.

Zu sehr dürfe man es daher gar nicht verändern, weshalb Leibniz' Reichsreformschläge stets auch der Angst vor der eigenen Courage Rechnung trugen: Eine bloße Stärkung der Zentrale liefe, so Leibniz' Befürchtung, Gefahr, dass »einer in diesem consilio Meister« wird[11] – eine Möglichkeit, die Hobbes hätte aufatmen lassen, Leibniz aber unruhig machte. Er befürchtete die Entstehung einer Diktatur (eines »perpetuus dictator«), die die Gesellschaft glatter modelliert, als sie möglich ist, Harmonie nicht erzwingen kann und daher für Ärger sorgt. Das alles hatte man schon einmal, als der Kaiser ein Weltreich wollte und den Dreißigjährigen Krieg entfesselte. Als Alternative brachte Leibniz die Idee einer Föderation ins Spiel, eines »Teutschen Reichsbundt[s]« unter dem Vorsitz von Kur-Mainz als ehrlichem Makler und »Reichs-Director«. Das bot sich auch deshalb an, weil Mainz zu klein war, um die Sache an sich reißen zu können. Dem Kleinen fällt das Maßhalten leicht, weshalb Leibniz in ihm das eigentlich Große sieht, das sich nicht überschlägt.

Vielfalt ohne Macht ist Kitsch

Wenn wir diesen Gedanken nun auf das heutige Europa übertragen, bedeutet dies: Die EU wird stark, wenn sie harmonisch ist, und harmonisch ist sie, wenn sie heterogen ist. Und zwar so heterogen, dass ein Teil der Souveränität bei den Teilen liegt, die sich gegenseitig ausbalancieren. Wie schädlich interne Machtungleichgewichte sind, hat etwa der Streit um die Euro-Schuldenkrise in den frühen 2010er-Jahren gezeigt, als Deutschland den Kurs diktierte.

9 Thomas Hobbes zit. n. Klaus von Beyme, *Geschichte der politischen Theorien in Deutschland 1300–2000*. Wiesbaden: VS Verlag für Sozialwissenschaften 2009.

10 Vgl. Gottfried Wilhelm Leibniz, *Einige Patriotische Gedanken* [1680]. In: Ders., *Sämtliche Schriften und Briefe.* Reihe IV: *Politische Schriften,* Bd. 3. Berlin: Akademie 1986.

11 Gottfried Wilhelm Leibniz, *Bedencken Welchergestalt Securitas publica interna et externa und Status praesens im Reich* [1670]. In: Ders.: *Sämtliche Schriften und Briefe.* Reihe IV: *Politische Schriften,* Bd. 1. Berlin: Akademie 1986.

Italien, Griechenland und andere fühlten sich übergangen, entwickelten antieuropäische und antideutsche Gefühle, von denen sie sich nie ganz erholt haben. Einige, wie Giorgio Agamben, brachten gar die Idee eines gütig wärmenden Lateinischen Reiches gegen die kalten Rechenmeister und Sparenthusiasten des Nordens in Stellung.[12] Sie ist bis heute nicht verschwunden, nur deaktiviert wie eine Monade, die niemals tot sein kann.

Heute ist etwas Ähnliches zu befürchten, wenn die Verteidigungsgemeinschaft die einzige Atommacht Frankreich in eine zentrale Position rückt. Auch vor Deutschlands neuer militärischer Stärke, vor einem neuen großen Friedrich aus Berlin, dürften sich einige EU-Mitglieder fürchten. Habermas sieht dieses Problem ebenfalls, weshalb er eine Zentralisierung der Verteidigungsfähigkeit in Brüssel befürwortet. Das allerdings dürfte den Unmut der Teilstaaten an anderer Stelle befeuern – nicht gegen Paris oder Berlin, sondern gegen Brüssel, das Entscheidungen treffen wird, die nicht überall gut ankommen. Zentralisierung bedeutet auch: Die Interessen werden eingeschmolzen, und der Brei, der dabei entsteht, schmeckt nicht jedem. In einem straff organisierten Europastaat dürfte sich die Idee der Vielfalt alsbald auf organisierte Folklore beschränken, auf Europa als Versammlung der Trachtenvereine zur Inszenierung eines vergangenen Multiversums. Eine solche Vielfalt ohne Macht wäre Kitsch und letztlich uneuropäisch. Denn Europa ist immer das Echte, Wahre und Ganze, das den Umweg über die Teile nimmt.

Den Nationalstaat unterwinden

Mit Leibniz besteht ein Ausweg aus dieser vertrackten Situation in der Streuung der Macht, in der Verteilung auf möglichst viele Entfaltungsräume. Dies steht nicht im Widerspruch zur Einheit, sondern ist deren Voraussetzung, das Zaubermittel, das sie erst hervorbringt: Denn Harmonie und Stärke stellen sich ein, wenn die Vielfalt zunimmt. Da Vielfalt nicht im Individuum reift, sondern in Staat und Gesellschaft, ist sie auf institutionelle Träger angewiesen, auf Einheiten, die unterhalb der europäischen Ebene angesiedelt sind. Es gibt nun zwei Möglichkeiten einer leibnizschen Europareform: Für jeden Einigungsschritt, der Kompetenzen in Brüssel bündelt, muss eine Kompensation erfolgen, eine Dezentralisierung in einem anderen Bereich. Wenn also die Sicherheitspolitik bald in Brüssel und Straßburg gemacht wird – wofür es gute Gründe gibt –, dann könnte zum Beispiel die Kultur- und Wissenschaftspolitik in den Einzelstaaten gemacht werden. Ob jemand seine

12 Giorgio Agamben, *Ein »lateinisches Reich« gegen die deutsche Übermacht*. In: *voxeurop* vom 26.März 2013 (voxeurop.eu/de/ein-lateinisches-reich-gegen-die-deutsche-ubermacht/).

Universität nach Bologna-Modell mit ECTS-Punkten organisiert oder etwas Eigenes macht, kann er sich dann selbst aussuchen.

Eine zweite Möglichkeit leibnizscher Europapolitik ist noch radikaler – im Ergebnis allerdings auch noch harmoniefördernder: die Stärkung der Ebene unterhalb des Nationalstaats, also Region und Stadt, die Aufteilung der Nationalstaaten. Denn ein großes Problem europäischer Politik ist die Bevormundung kleiner Nationalstaaten durch große. Es verschwindet, sobald alle Einheiten gleich groß und mächtig sind. Wenn also Deutschland, Frankreich, Italien, Spanien, Polen usw. in kleinere Gebiete zerlegt werden, die auch grenzüberschreitend gebildet werden können. In ihnen findet dann ebenfalls wichtige Politik statt: Kultur, Wissenschaft und Wirtschaftsförderungen werden in Lappland, in der Extremadura und in Thrakien entschieden, vielleicht auch in Leipzig und Bari, während Verteidigung und Handel eine Angelegenheit Brüssels sind. Die Kommissionspräsidentin tritt indes nicht als Diktatorin auf, sondern als Oberharmonisiererin, die die einzelnen Organe in einen Organismus verwandelt. Sie ist eine Zeremonienmeisterin, die wie der Kaiser in Wien zu überzeugen weiß, die glänzt und schillert, eine Einrichtung zur Steigerung der politischen Schönheit, an der sich alle gern orientieren.

Damit dürfte die Kommission kaum noch Schwierigkeiten haben, denn von Leibniz wissen wir, dass die Aufteilung in kleine Einheiten eine Harmonie erzeugt, die den Willen des Gesamtverbands stärkt – und ihn obendrein sanfter macht. Es braucht keinen Feind im Äußeren, um im Innern bestehen zu können, denn die Einzelheiten sind mit sich und ihren Mitheiten beschäftigt. Sie alle schwingen zusammen und sind damit voll ausgelastet. So überwindet das Reich die schmittsche Freund-Feind-Logik, die in der Moderne ihre Gültigkeit hatte, in der Nachmoderne aber nicht mehr. Heute bildet sich das Eigene nicht mehr in lauernder Feindseligkeit gegenüber dem Anderen, sondern durch wohlwollende Ignoranz des Anderen. Ein höfliches Desinteresse, ein weltläufiger Provinzialismus entsteht und kühlt die noch immer erhitzten Geschichtskräfte ab. Das ist der Grund, warum sich ein harmonisches Leibniz-Europa nicht in ein imperialistisches Scheusal verwandelt, wie es Kritiker der neuen EU-Aufrüstung befürchten, sondern in ein liebreizendes, sanftes Wesen, das keine Eroberungen plant.

Die Leibnizsche Linke

Damit schließt EU-Europa an die besten Seiten des Heiligen Römischen Reiches an, das im Wesentlichen ein Defensivverbund war,[13] sich vor seinen Feinden jedoch nicht verstecken musste. Als osmanische Verbände 1683 vor Wien standen, schlug das Reichsheer sie unter Führung des Kaisers zurück – ohne dass dieser den anderen Fürsten etwas befehlen konnte. Es war die reichstypische Libertät, die sie zu der Überzeugung gelangen ließ, hier gehe es um etwas. Ist es nicht heute ganz ähnlich? Nur wenn die Europäerinnen das Gefühl haben, in einem guten, in einem fantastischen Gemeinwesen zu leben, werden sie sich zusammenraufen, um die Schurken abzuwehren. Das wird nicht von oben und außen gelingen, sondern von unten und innen – ausgehend vom kleinen Gemeinwesen, vom Zwergstaat, dessen Übersichtlichkeit eine Wärme und Nähe erzeugt, die im Koloss kaum entstehen kann. Je mehr es von diesen gutgelaunten Zwergen gibt, desto stabiler der Riese Europa.

In gewisser Weise wäre dies noch leibnizscher als Leibniz selbst. Denn dieser hatte durchaus auch Vorschläge unterbreitet, die auf Stärkung größerer Fürstentümer zielten und auf Absorption der kleinen. Den Grund hierfür sah Hans Heinz Holz allerdings in einer politökonomischen Zwangslage: Leibniz hatte den Verdacht, dass (mittel)größere Staaten die ursprüngliche Akkumulation des Kapitals vorantreiben können, kleine hingegen nicht.[14] So nahm er zähneknirschend hin, dass es Zusammenlegungen geben musste – so klein wie möglich und so groß wie nötig, um im einsetzenden frühkapitalistischen Gerangel nicht dumm dazustehen. Heute leben wir jedoch in einer anderen Phase, möglicherweise am anderen Ende der Moderne. Längst hat sich gezeigt, dass kleine Gebilde durchaus in der Lage sind, wirtschaftliche Erfolge zu erzielen, mitunter performen sie sogar besser als große. Dänemark, die Schweiz und Singapur sind nicht eben Staatsgiganten und trotzdem nicht so schlecht. Möglicherweise ist heute die gezielte Intervention wichtiger als ein endloser Vorrat an Arbeitskräften. Und deren Bedeutung könnte weiter abnehmen. Denn Arbeitskräfte braucht, wenn die Roboter kommen, bald keiner mehr. Nur noch Ideen und Atmosphären, und die gedeihen am besten im kleinen Rahmen, weil hier der Gesellschaftsstress reduziert ist und die Möglichkeit, sich einzubringen, erhöht. Man fühlt sich den Dingen zugehörig, das mag zwar eine Illusion sein, aber auf die kommt es im Zeitalter der Stimmungen und Umgebungen an.

13 Vgl. Barbara Stollberg-Rilinger, *Das Heilige Römische Reich Deutscher Nation. Vom Ende des Mittelalters bis 1806*. München: Beck 2006.

14 Hans Heinz Holz, *Leibniz*. Stuttgart: Kohlhammer 1958.

Heute also, im spät- und vielleicht schon nachkapitalistischen Universum kann die Leibniz-Idee der kleinen Einheit voll aufblühen und ein Europa der tausend Regionen, Städte und Parzellen hervorbringen, die wie von Zauberhand in einen organischen Zusammenklang gebracht werden. Und vielleicht ist das noch nicht alles, was Leibniz uns zu geben hat. Möglicherweise könnte noch eine weitere seiner fabelhaften Ideen zu ihrem Recht kommen, denn Leibniz war auch Sozialist. Er befürwortete ein Gemeineigentum und eine staatliche Planung der Landwirtschaft. Einige Interpreten führten diese Vorschläge auf den niedrigen Stand der Produktivkräfte zurück, der Leibniz zu einem Entwicklungssozialisten gemacht hatte, der er heute nicht mehr wäre.[15] Aber war Leibniz wirklich so defensiv? Müssen wir nicht vielmehr annehmen, dass alle seine Ideen auf die Zukunft zielten, auch sein Sozialismus? Immerhin entwarf er seine Ordnungskonzepte stets vor dem Hintergrund der Annahme einer zunehmenden Verbesserung der Welt. Er ging davon aus, »dass die Verhältnisse sich entweder nach und nach oder zuweilen sogar in Sprüngen zum Besseren fortentwickeln müssen«.[16] Das Bessere ist für Leibniz das Harmonischere, das aus freien Stücken zusammenfindet. Wäre das nicht ein ansehnlicher Sozialismus? Ein ganz anderer als der uns aus der Geschichte bekannte, der darunter litt, dass er nicht in Europa, sondern in Russland entstand. Seine despotischen Vorzeichen bekam er nie mehr weg. Jetzt aber, im Nachfolgegebilde des heiligen harmonischen Reiches einiger Nationen, in Europa, wird er so richtig herrlich. Und Leibniz wäre sehr stolz auf seine Erben.

Denn sie hätten begriffen: Harmonisch müssen nicht nur die Menschen miteinander umgehen, sondern auch die Ideen. Diese ergänzen sich gegenseitig. Vermutlich wird Leibniz' Gemeinwirtschaft erst durch Verbindung mit einer anderen Idee möglich, nämlich dem Lob der kleinen Einheiten. Deren Zeit wiederum wird kommen, wenn das Kapital ein wenig Größenmilde walten lässt und auch dem kleinen, feinen Ort ein wenig Luft zum Atmen gewährt. Erst dann verschwindet der Zentralisierungsdruck aus den Staaten, der Sozialismus und Kapitalismus gleichermaßen zu schaffen machte, so dass sie ziemlich lange ziemlich ungenießbar waren. Erst dann verlieren sie ihren Schrecken, der ja immer etwas Großes, Unförmiges, Wuchtiges ist. Und erst dann hat die Menschheit wirklich eine Wahl, die auch wiederum keine wirkliche Wahl ist, denn sie muss sich für das Harmonischere entscheiden.

15 Erwin Ruck, *Die Leibnizsche Staatsidee aus den Quellen dargestellt*. Tübingen: J. C. B. Mohr 1909.

16 Leibniz zit. n. Klaus Kremb (Hrsg.), *Gottfried Wilhelm Leibniz. Politisches Denken*. Wiesbaden: marix Verlag 2016.

Und hier liegen die Dinge klar: Dass der Schrecken aus dem Kapitalismus weicht, ist gut für ihn, macht ihn aber noch immer nicht gut, denn es bleibt ja seine nervige, bleierne und langweilige Seite, die unter Kulturphilosophen als »Entfremdung« bekannt ist. Aber wenn der Schrecken aus dem Sozialismus weicht, dann ist er kaum noch aufzuhalten, dann wird er kommen, und es wird alles ziemlich fantastisch – und die Menschheit wird ihr Glück kaum fassen können.

Das Kleine ist das wirklich Wahre

Wir sehen, wie sich in einem solchen Leibniz-Europa die Idee des Föderalismus allmählich nach links verschiebt. Sie wurde lange für etwas Liberales, Konservatives oder gar Rechtes gehalten, wie etwa im Fall des Lega-Nord-Populismus. Doch dass Macht zerlegt wird, um sie anschließend so vernünftig zu gebrauchen, dass die Energien auf höherer Ebene wieder zusammenfließen, so dass etwas ganz Großes entsteht, das ist ziemlich links oder vielleicht schon jenseits von links und rechts – nämlich kommunistisch. Oder eben: harmonisch, leibnizianisch, supermonadisch, einfach genial.

Erfinder des europäischen Linksregionalismus ist der venezianische Philosophenpolitiker Massimo Cacciari, der seinen europäischen Traum einmal so beschrieb: »Wir lassen den hergebrachten Staat der Moderne mit seinen Hierarchien und Zentralismen hinter uns.« Denn »[w]ir gehen davon aus, dass die Diversität der Sprachen, Traditionen und Religionen dem Wunsch, sich zusammenzuschließen, nicht im Wege steht, sondern im Gegenteil Voraussetzung dieses Wunsches ist. Europa ist ein pluraler Name. Europa zielt nicht auf die ›Einheit des Einen‹, sondern der Einzelnen.«[17] Cacciari, Weltbürger qua Geburt, war zwölf Jahre Bürgermeister von Venedig, des ersten Hegemons des vorkapitalistischen Weltsystems, der ost-westlichen Stadt par excellence, die seit tausend Jahren Verbindungen nach Ostasien unterhält. Anders als die Konkurrentin Genua entwickelte sich in Venedig kein Eroberer-Mindset, sondern die Bereitschaft zur Anschmiegung an die Welt, eine Öffnung ohne Unterwerfung, passiv statt aktiv, eher Marco Polo als Christoph Columbus.

Diese interessierte Passivität ist es, die einem linksleibnizianischen Europamodell entspricht. Während die europäische Welteroberung in den Bahnen Genuas verlief, ist die Nachmoderne die Epoche Venedigs, dessen große Zeit

17 Massimo Cacciari, *Warum soll nur der Papst eine Mission haben?* In: *FAZ* vom 12. September 2020.

gerade erst anbricht.[18] Die Fähigkeit zur Selbstbesinnung, zur Vervollkommnung und Abrundung; das Vorsichtige, Tastende, Formwahrende, Heiter-Melancholische der Serenissima sorgt dafür, dass wir schon bald den Aufgang Venedigs erleben werden; jedenfalls als Idee, die über der heraufziehenden Welteinheit schwebt wie Venedig über dem Wasser – und wie Leibniz' Europa über den Dingen: »Was ist untadeliger, als ausländischer Händel sich zu entschlagen und nur für uns sorgen zu wollen. Ganz Europa wird sich zur Ruhe begeben und in sich zu wüten aufhören.«[19] Und dann kommt die Welteinheit von ganz allein, von unten und außenrum, statt von oben, zusammen und durch die Vordertür, wie es undialektische Denkweisen lange angenommen hatten.

Empire oder Reich?

Die Idee der Ultraglobalisierung dürfte dagegen allmählich verblassen. Sie hat die vergangenen Jahrzehnte bestimmt, die offenbar nicht nur die Geschichte über Bord geworfen hatten, sondern auch die Dialektik, jene Umständlichkeit, die den Sachen erst ihre Würze gibt. Stattdessen galt eine etwas fade späteuropäische Flause namens Ultraglobalisierung als leckeres Gericht. Sie landete auf Tellern ohne Rand und zerfloss daher, so dass niemand sie wirklich gekostet hat. Ob sie schmeckt, weiß keiner. Die Idee war, direkt zu den Sachen zu gehen, Welt und Politik zur Deckung zu bringen, denn wo Globus drin war, musste auch Globus draufstehen. Man griff recht unvermittelt nach dem Weltganzen, kannte keine Dialektik und produzierte dadurch eine ganz eigene, die wir etwa an Michael Hardts und Antonio Negris Theorieklassiker *Empire* studieren können. Dieser letzte Nachklang des raumöffnenden Eroberungszeitalters brachte die »Multitude« gegen das »Empire« in Stellung – die vielgestaltige Menge der postfordistischen Produzenten gegen die homogenisierende Kraft einer weltweiten Herrschaftsmaschine, letztlich also die Erben von Proletariat und Bourgeoisie.

18 Cacciari sieht das schwebende Venedig ebenfalls bestens gewappnet für eine Epoche nach der Moderne, in der es darauf ankommt, immaterielle Güter zu produzieren. Massimo Cacciari, »*Nichts ist hier natürlich*«. Interview mit Thomas Schmid. In: *Mare*, Februar / März 2000 (www.mare.de/nichts-ist-hier-naturlich-content-2810?srsltid=AfmBOoputZPA1f1dd3l70xjg_UEi2NOK-TEj-Q__SA9xK0GpN0XjNRR2).

19 Leibniz zit. n. Hansjakob Stehle, »*Von der Politik fasziniert*«. *Leibniz – ein Philosoph im Widerstreit mit der Macht*. In: *Aus Politik und Zeitgeschichte* vom 2. April 1958 (www.bpb.de/shop/zeitschriften/apuz/archiv/525562/von-der-politik-fasziniert-leibniz-ein-philosoph-im-widerstreit-mit-der-macht/).

Das Buch, auf dem Höhepunkt von Globalisierung und Globalisierungskritik um 2000 geschrieben, ist ganz vom Geist der bruchlosen Welteinheit beseelt. Die Menschheit, so glaubte man zu jener Zeit, werde schon bald in einer weltumspannenden Einheit leben, produzieren, verwalten, sich organisieren. Keine Ebene sollte dazwischenfunken. Stadt, Staat und Region galten als Formen von gestern. Es war nun die Zeit der Globalcommunis angebrochen, und die Frage war nur, mit welchem politischen Inhalt sie zu füllen war – spätliberal (»Empire«) oder neokommunistisch (»Multitude«). Ironischerweise imitierten Hardt und Negri damit das Eroberer-Mindset bei dem Versuch, es zu knacken. Es ist bei ihnen von all den subjektbildenden Dingen die Rede, die Europa einst in die Welt hinausgetrieben haben – die Raumöffnung, der Entdeckergeist, die Beschleunigungslust, der revolutionäre Eifer, das Kämpfenwollen, das Auflösen des Kleinen und Vertrauten im großen Weltzusammenhang. So ist es kein Wunder, dass der Ton mitunter ein wenig scharf gerät. Aufstand, Glut und Wut werden gefeiert als Akte der Lebendigkeit, als Widerstandsoperationen auf der Höhe der biopolitischen Zeit. Am besten ist es, so Hardt und Negri, der Schwarm schwärmt ungebremst, damit er sich zum globalen Volkskörper zusammenschließen kann, groß und stark wird und auch ein bisschen wahnsinnig. So werden die Vielheiten ohne Form zur wabernden Menge, entweder formbare Masse oder wilder Haufen. Die Ausschaltung des Kleinen lockert jede Bremse, die man in der Nachmoderne, die sensibel geworden ist für Zerstörungskräfte, doch eigentlich braucht.

Möglicherweise hängt diese Sehnsucht nach Unmittelbarkeit mit Hardts und Negris Rekurs auf Spinoza zusammen – neben Marx und Deleuze der dritte Gott des Unternehmens. Bei Spinoza verschwinden die Zwischenebenen im Gesamtzusammenhang aller Dinge, die von einer »absoluten Demokratie« getragen werden sollen.[20] Dies ist ein großer Unterschied zu Leibniz, auf den sich Hardt / Negri nicht berufen können, weil er ihnen die Tour vermasselt. Nur einmal erwähnen sie ihn – als Kopf jener ominösen »Schule von Hannover«, die die fürstophilen Finger vom Partikularismus nicht lassen wollte. Aber damit tun sie Leibniz Unrecht. Denn er war ein Universalpartikularist, der ahnte, dass es Umwege braucht, um zum Ziel zu gelangen, dass die Einheit ohne Vermittlung nicht zu haben ist. Spinoza war radikal und klar, Leibniz dagegen ein bisschen umständlich, kompliziert und dunkel, Ausdruck jenes Reiches, dem er entstammte, während der Niederländer Spinoza sich als philosophischer Weltumsegler betätigte: geradeaus,

20 Michael Hardt / Antonio Negri, *Empire. Die neue Weltordnung*. Aus dem Englischen von Thomas Atzert und Andreas Wirthensohn. Frankfurt: Campus 2002.

mit freier Sicht und volle Kraft voraus. Leibniz hingegen ging es nicht um Entfesselung der Energien, sondern um einen schönen Mix, der Kräfte bindet, um Alchemie, gegenstrebige Fügungen, Irenismus, Harmonie und Gemütlichkeit. Und letztlich um ein Lob der kleinen Form, die im alten Reich ihren Platz hatte. Im neuen weltumspannenden Reich, das gerade entsteht, muss die kleine Form erst noch gefunden werden. Im heutigen Europa aber, wo die Zersplitterungsverhältnisse am fortgeschrittensten sind, könnte dieser Neubau bereits begonnen worden sein, ohne dass wir es mitbekommen haben. Wir haben Europa immer für die Avantgarde des Zusammenschlusses gehalten, für den Vorschein einer immer engeren Welt. Nun aber kommt uns allmählich der Verdacht, dass es der Vorreiter der Verkomplizierung der Weltverhältnisse ist. Und Leibniz hat es immer geahnt.

Am Ende seines großen Zyklus verwandelt sich Europa wieder in jenen Flickenteppich aus Städten und Zwergregionen, auf dem es seinen Aufstieg begonnen hat. Fröhlich saust es auf seinem Stofffetzen durchs All. Es hat sich jedoch zu weit von der Welt entfernt, nachdem sein Umarmungsversuch zum Würgegriff geriet. Es ist zu nah an die Sonne gekommen, weshalb ihm nun der Teppich wegzubrennen und ein Absturz droht. Der harte Aufschlag wird nur zu verhindern sein, wenn Europa die »Schwerkraft« überlistet, indem es sich in winzig kleine Einheiten aufspaltet, die schweben können und sanft auf der Erde landen. Es muss einen Zugang zur »Gnade« finden, zur »Inspiration« durch einen göttlichen Strahl, der nur dann seine heilende Kraft entfalten kann,[21] wenn er auf kleine Einheiten trifft. In großen Einheiten verpufft der Strahl, sie haben nur die halbe Gnade. Und die bringt nichts. Entschließt es sich dagegen, die volle Gnade durch volle Teilung zuzulassen, dann hat es Europa wieder einmal geschafft, dann ist es erneut vornedran, und alle Welt wird es um seine kleine, feine Art beneiden.

Der Versuchung widerstehen

Möglicherweise besteht darin die größte Innovation Europas: in der Fähigkeit, gemeinsam kleiner zu werden. Diese Deutung drängt sich bei einem einfachen Landkartenvergleich zwischen den Jahren 1900 und 2025 auf. Aus der Erbmasse der untergegangenen Imperien lösten sich im 20. Jahrhundert zahlreiche Zwergstaaten heraus; viele weitere stehen in den Startlöchern:

21 Vgl. hierzu die geheime Urfigur der Euromythologie bei Simone Weil, *Schwerkraft und Gnade* [1943]. Übersetzt von Friedhelm Kemp. Berlin: Matthes & Seitz 2020; dies., *Die Verwurzelung. Vorspiel zu einer Erklärung der Pflichten dem Menschen gegenüber* [1943]. Übersetzt von Marianne Schneider. Zürich: diaphanes 2011.

Katalonien, Schottland, Korsika, die Orkney-Inseln ... Warum nicht noch andere Regionen oder Städte, die eigene Wege gehen wollen, um im Konzert der Vielheiten ihre Stimme zu finden?

Die Prüfung heute besteht möglicherweise darin, der Versuchung zu widerstehen, sich wieder zum Imperium zusammenzuschließen, weil sicherheitspolitischer Druck es nahezulegen scheint. Schaffen Europas Staaten, Städte und Regionen es, klein zu bleiben und noch kleiner zu werden, dann taugen sie tatsächlich zu jenem Vorbild für die Welt, das Habermas in ihnen gesehen hat;[22] nur ganz anders, als dieser meinte – nicht durch gemeinsamen Souveränitätstransfer, der den Nationalstaat auf höherer Stufe wiederholt, sondern durch Schaffung einer ganz eigenartigen Rechtsstruktur, weder Staat noch Nichtstaat, sondern eben ein Reich oder, weil im Reich das Imperium, die Eroberungsabsicht mitschwingt: ein Nachreich, ein Splittergebilde, das von ganz allein zusammenfindet, ohne dass jemand den Teilen befohlen hätte, ein Ganzes zu bilden. Die von ihrer eigenen Größe inzwischen ganz gestresste Welt könnte es ähnlich machen: kleiner werden, sich in Zehntausende winzige Gebiete aufteilen, aus denen die Größenprobleme von allein verschwinden. Dann kann der Messias des Kosmopolitismus durch die Hintertür eintreten, und plötzlich, ganz unvermutet und überraschend, steht er vor einem als zufriedener, harmloser, sanfter Bewohner eines Zwergstaates, der sich höheren Dingen verschrieben hat als Weltpolitikmachen.

Etwas Ähnliches schwebte auch Adorno vor, dem wichtigsten Erneuerer des Linksleibnizianismus im 20. Jahrhundert. Kosmopolit durch und durch, zögerte der Mann aus der Freien Reichsstadt Frankfurt, einem zusammengeschweißten Weltmodell, einer Superzentrale das Wort zu reden. »Jene Internationale«, die ihm vorschwebte, »war kein Einheitsstaat«,[23] sondern ein »Ensemble von Verschiedenem«. Die »Organisationswut eines gewissermaßen vermehrten Völkerbundes«[24] war ihm ebenso ein Graus wie ein Super-Europa, das dem Nationalstaat noch einmal ein zweites, größeres und fataleres Leben schenkt. Gleichzeitig, er war ja Dialektiker, erkannte Adorno durchaus die geschichtsphilosophische Leistung der Europäischen Gemeinschaft, die sich in den 1950er Jahren formierte: Sie wagte bereits einen Schritt über den Nationalstaat hinaus. Entscheidend wird jedoch sein, ob Europa

22 Zu Europa als Weltmodell vgl. Jürgen Habermas, *Zur Verfassung Europas. Ein Essay*. Berlin: Suhrkamp 2011.

23 Theodor W. Adorno, *Amorbach* [1966]. In: Ders., *Gesammelte Schriften*. Bd. 10.1. Frankfurt: Suhrkamp 2003.

24 Theodor W. Adorno, *Zur Lehre von der Geschichte und von der Freiheit* [1964/65], Frankfurt: Suhrkamp 2006.

diese Spannung aushält oder sofort wieder dazu übergeht, einen neuen Europa-Staat zu bauen. Besser wäre es, so Adorno, man lebte in der Schwebe, in der kleinen Stadt, in vielen Amorbächen, die zusammenfließen, wenn sie wollen, aber auch eigene Wege nehmen, wenn es denn der Harmonie und dem Glück dient. Dies wäre auf dem gegenwärtigen Stand der wirtschaftlichen und technologischen Kräfte durchaus möglich[25] – und ökologie- und antidestruktionspolitisch ohnehin geboten. Eine solche Unterwindung des Nationalstaats wäre die wirkliche Revolution unserer Zeit, eine Unterbrechung jener verhängnisvollen Tendenz zum Gigantismus (größer, schneller, weiter), die die Moderne auszeichnete. In der Nachmoderne wird man lernen, das Große und Grobe geringzuschätzen und das Kleine und Feine in Ehren zu halten. Europa, dieser agile Kontinent, ist das Experimentierfeld dieser Revolution, die viel stiller vonstattengehen wird als alle bisherigen Umwälzungen, die sich noch in der Auflehnung gegen die Geschichte in deren Mechanismus warfen, woraus sie, die Raffinierte, sogar noch den Stoff ihres Antriebs ziehen konnte. Diesen Stoff wird man ihr nun entziehen. Das wird sie nicht freuen, sie wird fluchen und fauchen, aber Europa muss bei all dem gelassen bleiben und sie toben lassen. Und irgendwann wird die Geschichte von allein aufgeben. Und dann wird alles schön.

25 Adorno schreibt (in *Zur Lehre von der Geschichte und von der Freiheit*), dass ein aus kleinen Einheiten dezentral zusammengesetztes »Gesamtsubjekt der Menschheit«, das durch »Technik« verbunden ist, vielleicht in der Lage wäre, mit der Logik der »hierarchischen riesigen Einheiten« zu brechen.

Musikkolumne

Stimme

Von Tobias Janz

I

Es ist merkwürdig und gleichzeitig erklärbar, dass in so gut wie keiner geläufigen Definition von Musik die Stimme am Anfang steht.[1] Merkwürdig, da kaum etwas so eng mit unserem Alltagsverständnis von Musik verbunden sein dürfte wie das über alle kulturellen, sozialen und altersmäßigen Grenzen verbreitete Singen: Populäre Musik ist fast ausnahmslos gesungene Musik; Kleinkinder singen; bei fortgeschrittener Demenz kann gerade das Singen Zugänge zu verschütteten Langzeiterinnerungen öffnen; und anders als das Sprichwort es will, haben bekanntlich selbst böse Menschen Lieder.

Eine Erklärung für die Absenz der Stimme in den Definitionen ist, dass Musik sich die Stimme mit der Sprache teilt, sie also nicht spezifisch genug ist, um eine Definition zu tragen. Musik umfasst zudem mehr und anderes, als was die Stimme zu ihr beiträgt – rhythmisierten Klang, Melodie, Harmonie, Klangfarbe, leibkörperliche Bewegung. Auch Musikphilosophien, denen es um grundlegende Bestimmungen der Musik geht, beginnen daher kaum je mit der Stimme. Abstraktere, allgemeinere Kategorien wie Ton oder Zeit stehen hier am Anfang – oder solche, die die Aufmerksamkeit auf die musikalische Interaktion richten wie Ausdruck, Sinn und Verstehen.

Einige große Ausnahmen gibt es freilich. Man findet sie dort, wo es nicht allein um Definitionen und begriffliche Unterscheidungen geht, sondern um den Ursprung der Musik, um ihre historischen Anfänge.[2] So greift Jean-Jacques Rousseau in seinem postum erschienenen *Essai sur l'origine des langues* (begonnen 1755), bekannt geworden unter anderem durch Jacques Derridas ausführliche Dekonstruktion im Rahmen seiner Theorie der Schrift,[3] die antike Vorstellung einer Gleichursprünglichkeit von Musik und Sprache auf. Rousseau behauptet für beide, Musik und Sprache, einen genealogischen Primat der Stimme, was im einen Fall Vorrang der gesprochenen Sprache vor der Schrift, im anderen Vorrang der gesungenen Melodie vor der Harmonie bedeutet. Man kann Rousseaus *Essai* musikgeschichtlich vor dem Hintergrund seiner musikalischen Schriften, den Beiträgen zur *Encyclopédie* und seinem *Dictionnaire de musique* (1768), und dem

1 Für eine Sammlung formaler Definitionen vgl. Bruno Nettl, *Music*, in: *Grove Music Online* 2001 (DOI 10.1093/gmo/9781561592630.article.40476).

2 Exzentrisch unter den Ausnahmen ist aktuell Christoph Türcke, *Philosophie der Musik*. München: Beck 2025. Türcke leitet die Existenz der Musik und ihre gesamte Kulturgeschichte frei nach C. G. Jung aus der verdrängten Erinnerung an den stammesgeschichtlichen Urmord und die dabei schreiende Urhorde ab.

3 Jacques Derrida, *Grammatologie* [1967]. Aus dem Französischen von Hans-Jörg Rheinberger u. Hanns Zischler. Frankfurt: Suhrkamp 1983.

seiner Polemik gegen Jean-Philippe Rameau, den berühmten Komponisten und Begründer der modernen Harmonielehre, lesen. Seine musikästhetische Bedeutung liegt in dem, was Rousseau zum Verhältnis von Musik und Sprache sagt und wie sich dies zu unserem heutigen Wissen über die Anfänge der Musik verhält.

Sprache ist für Rousseau, was den Menschen vom Tier unterscheidet. Musik ist der Sprache wesensverwandt, denn ursprünglich waren beide ein und dasselbe Artikulationsmedium. Der zivilisatorische Fortschritt, für Rousseau eine Verfallsgeschichte, ließ sie auseinandertreten und veränderte sie so, dass es irgendwann den Anschein haben konnte, als handele es sich um unabhängige Phänomene. Rousseau erklärt sich die Genealogie der archaischen Singsprache funktional: Die ersten Menschen hätten noch keine Sprache benötigt, für die Befriedigung ihrer Elementarbedürfnisse reichten Gesten und unartikulierte Laute. Erst die über den Erdball verstreute Menschheit war auf sprachliche Kommunikation angewiesen, und zwar zunächst nicht als rationales Verständigungsmittel, sondern zum Ausdruck elementarer Leidenschaften (»l'amour, la haine, la pitié, la colère«). Die affektive Protosprache wird dann auch nicht von grammatischen Regeln zusammengehalten, entscheidend ist der musikalische »accent« – subtile melodisch-klangliche Beugungen (»inflexions«) und Konturierungen der Rede, mit der sich die artikulierte Sprache von den unartikulierten Lauten der ersten Hominiden abgehoben habe.

Der Ursprung von Musik und Sprache hängt bei Rousseau mit der Vergesellschaftung des Menschen zusammen, der zivilisatorische Fortschritt bedeutet für beide aber auch ihre fortschreitende Degeneration. Hier berührt sich der *Essai* mit den politischen Schriften Rousseaus. Sprache wird konsonantisch und grammatisch, methodisch und schriftlich, Musik verliert durch Berechnung von Intervallen, durch Verringerung ihres tonartlichen Reichtums und Einführung harmonischer Prinzipien ihre Kraft und Intensität.

Jacques Derrida hat den *Essai* nicht musik-, sondern sprachphilosophisch gelesen. Für ihn ist der Primat der Stimme bei Rousseau ein prominenter Fall jener das Abendland charakterisierenden Wesensverbindung zwischen *logos* (Sein, Geist) und *phoné* (Stimme) und zugleich die Kehrseite einer abendländischen Schriftvergessenheit. Für Derrida ist die Einheit von Denken und Sein in der Präsenz der Stimme der Dreh- und Angelpunkt der dreitausendjährigen Geschichte der abendländischen Metaphysik, mit weitreichenden Konsequenzen vom Begriff des Subjekts bis zur Trennung von Geistes- und Naturwissenschaften.[4] Dass Rousseau einer der schärfsten Kritiker der europäischen Moderne war, legt ihm Derrida wohl nicht zu Unrecht als »symmetrischen Gegen-Ethnozentrismus« aus. Was Rousseau im *Essai* an der orientalischen Musik fasziniert und ihm an der modernen harmonischen Musik Europas fehlt, sei letztlich genau das, was die abendländische Musik ursprünglich ausgezeichnet habe, eben der Primat der Stimme.

4 Jacques Derrida, *Die Stimme und das Phänomen. Einführung in das Problem des Zeichens in der Phänomenologie Husserls.* Aus dem Französischen von Hans-Peter Gondek. Frankfurt: Suhrkamp 2003.

II

Folgt man Derridas Dekonstruktion der abendländischen Metaphysik, erscheint es umso merkwürdiger, dass die Stimme im abendländischen Musikdenken offenbar keine privilegierte Position besitzt. Auch Rousseaus Polemik gegen die Intervallberechnung, gegen Akustik und Harmonielehre verweist ja eher auf das Gegenteil, die musiktheoretische Vernachlässigung der Stimme. Was Derrida »Stimme« nennt, hat, und dies mag die Diskrepanz erklären, allerdings nur sehr vermittelt etwas mit der empirischen, real gesprochenen oder gesungenen Stimme zu tun. Ihren metaphysischen Charakter nimmt die Stimme bei ihm als innere, sich selbst vernehmende Lebensäußerung an, als Stimme, in der sich das Denken bewegt.

Ganz ins Zentrum rückt diese subjektive Innerlichkeit in Hegels Musikästhetik. Musik ist für Hegel die Kunstform, die, wie es im Musikkapitel der *Ästhetik* heißt, »noch in ihrer Objektivität selber *subjektiv* bleibt«, deren eigentlicher Inhalt aber nicht der Ausdruck konkreter Leidenschaften ist, sondern zunächst »das objektlose Innere, die abstrakte Subjektivität als solche«. Der Text der *Ästhetik* spricht an dieser Stelle nicht von Stimme, sondern von »innerstem Selbst« und »ideeller Seele«, was sich aber durchaus mit dem berührt, was Derrida Stimme nennt. Für Hegel besteht eine Verbindung zwischen dieser subjektiven Innerlichkeit und der elementaren Materialität der Musik, ausgehend vom Ton, dessen physisches Verklingen als materieller Prozess der Verinnerlichung erscheint, als tätiges Aufheben von Raum und Körperlichkeit im Klang. Eine Tendenz zur Vergeistigung also bereits im Material der Musik.

Bei Hegel sind die materialen Dimensionen der Musik – Rhythmus, Takt, Harmonie und intervallisch geordnete Melodie – keine Symptome von Entfremdung, sondern Mittel, die sie benötigt, um die abstrakte Innerlichkeit in konkrete musikalische Formen zu verwandeln. In Anlehnung an Derrida könnte man sagen: Sie sind historisch ausgebildete Mittel, in denen sich die metaphysische Stimme – das Denken – musikalisch artikuliert. So gesehen wäre die Stimme alles andere als abwesend oder marginal in der abendländischen Musiklehre, sie wäre ihr alles dominierendes Zentrum, verdeckt lediglich durch eine anderslautende musikalische Terminologie. Ganz stimmt auch dies nicht, denn die musikalische Terminologie enthält durchaus Erinnerungen an die Stimme, vom lateinischen *vox*, das Stimme, Klang, Wort und Sprache, bis in die Neuzeit hinein aber auch den musikalischen Ton bezeichnet, über die zwischen technischer Einrichtung und Affektivität changierende *Stimmung* bis hin zu musikspezifischeren Begriffen wie *Stimmführung*, *Haupt- und Nebenstimme*, *Polyphonie* oder *Heterophonie*, die übergreifende Struktur- und Stilprinzipien von der Stimme her bezeichnen, ohne auf die empirische Singstimme reduziert werden zu können.

Rousseaus Thesen zum stimmlichen Ursprung der Musik sind damit freilich weder bewiesen noch widerlegt. Ein metaphysischer Primat der Stimme in der Musik könnte genau jener abendländische Sonderweg sein, den Derrida in ihm sieht, eine auch theologisch überhöhte Idealisierung der innerlichen, intelligiblen Stimme, die zu Rousseaus Zeit unter Druck etwa durch das neue physikalische Musikdenken gerät und bei Rousseau, Hegel oder später auch Richard Wagner reaktionäre Gegenentwürfe provoziert.

Was wissen wir heute über den Ursprung von Musik und Sprache? Die Paläoarchäologie der Musik hat mit populären Darstellungen wie Steven Mithens *The Singing Neanderthals* (2006) derzeit Konjunktur,[5] was auch damit zusammenhängt, dass immer wieder spektakuläre Funde gemacht werden. 2008 etwa eine in der Schwäbischen Alb entdeckte 40 000 Jahre alte Gänsegeierknochenflöte. Instrumentenfunde und Abbildungen von Kultszenen lassen auf elaborierte musikalische Praktiken in der Altsteinzeit schließen. Archäologische Belege für die Rolle der Stimme in ihnen sind schwerer zu bekommen. Man kann evolutionsbiologische Erkenntnisse zur Anatomie des menschlichen Vokaltrakts hinzuziehen, ist davon abgesehen aber gezwungen, Rückschlüsse aus Erkenntnissen mehrerer Disziplinen – Archäologie, Ethnologie, Kognitionsforschung – zu ziehen.

Die von dem Musikanthropologen Gary Tomlinson derart rekonstruierte Geschichte zeigt bemerkenswerte Übereinstimmungen mit Rousseaus Spekulationen, allerdings auch grundsätzliche Differenzen.[6] Auch für Tomlinson ist zumindest ein Vorläufer von Sprache und Musik vokaler Natur – der »gesture call« der Primaten, wenn man möchte eine Kombination der Gesten und unartikulierten Laute der ersten Menschen bei Rousseau. Letztlich sei die Entstehung von Musik dann aber durch Vorgänge ausgelöst worden, in denen Rousseau womöglich den Anfang ihrer Degeneration erkannt hätte: durch die Entdeckung einfacher rhythmischer Wiederholungsstrukturen und diskreter Tonhöhen, also basaler musikalischer Metren und rudimentärer Tonsysteme. Die handwerklich geschickt ausgeschabten Grifflöcher der schwäbischen Knochenflöten sind ein möglicherweise bereits sehr später Hinweis auf letztere.

Ganz anders dann auch die Erklärung, die Tomlinson dafür anbietet. Wiederholung und symbolische Repräsentation diskreter Tonhöhen lassen sich, so hätte auch Derrida argumentiert, nicht aus der Präsenz der Stimme und dem spontanen Affektausdruck herleiten. Nach Tomlinson setzen sie einen kognitiven Evolutionssprung voraus, der hierarchisches, kombinierendes Denken ermöglichte. Der Schauplatz dieses Evolutionssprungs sind für ihn die Steinwerkstätten des Moustérien, also die von kooperativem Handwerk geprägte Lebenswelt der Vorfahren des modernen Menschen. Haben die Neanderthaler also gesungen? Vielleicht.

Der Ursprung der Musik wäre dieser Erzählung nach jedoch nicht die Stimme, sondern die Technik und ihre Wechselwirkung mit der Entwicklung menschlicher Intelligenz. Und Tomlinson geht noch einen weiteren Schritt über die Nachahmungs- und Ausdrucksästhetik des 18. Jahrhunderts hinaus, wenn er behauptet, dass eine Musik, die mit regelmäßigen Patterns und hierarchischen Tonordnungen beginnt, von Anfang an »absolute Musik« gewesen sei. Musik und Sprache wären damit weit weniger

5 Vgl. zuletzt Graeme Lawson, *Soundtracks. Auf den Spuren unserer musikalischen Vergangenheit*. Aus dem Englischen von Henning Dedekind. München: Piper 2025.

6 Gary Tomlinson, *A Million Years of Music. The Emergence of Human Modernity*. New York: Zone Books 2015.

ähnlich, als es Rousseau und seine Vorgänger für wahrscheinlich hielten.

III

Wie dem auch sei. Spekulationen über den Ursprung der Musik sind immer auch Spiegel ihrer Zeit. Für die Bedeutung der Stimme in der und für die Musik ergeben sich damit zwei sehr unterschiedliche Perspektiven. Gilt die These vom metaphysischen Primat der Stimme (im Abendland), wäre es unwahrscheinlich, wenn diese nicht auch konstitutiv für die Musik wäre. Stimme erschiene hier allerdings in idealisierter Form und würde als reine Innerlichkeit, wie bei Hegel gesehen, tendenziell zu einem Synonym für Subjektivität. Gilt die These vom Primat absolut-musikalischer Prinzipien, wäre die Stimme akzidentell, etwas, das zur Musik hinzukommen, sie darstellen oder vortragen kann, aber weder genealogisch noch ästhetisch eine Vorrangstellung besäße. Beide Perspektiven berühren sich darin, dass der Status der je einzelnen, empirisch-performativen Stimme in der Musik ungeklärt bleibt. Für den metaphysischen Stimmbegriff wäre sie ein untergeordnetes empirisches Double, vom Primat der absoluten Musik her gedacht bliebe ebenfalls ein unmusikalischer Rest, vor allem die idiosynkratische »Rauheit« (Roland Barthes) und Körperlichkeit der konkreten Stimme, die sich theoretisch kaum rationalisieren lässt.

Nun ist es nicht schwer, Beispiele zu finden, in denen es der Musik genau darum geht, um die empirische Klanglichkeit, die nichtmetaphysische Präsenz der Stimme: der Belcanto mit seinen zu Caccini und den ersten Opern zurückreichenden hochgradig künstlichen Vokaltechniken, in denen man Rousseaus mikrotonalen Inflexionen begegnet; das nicht minder künstliche gutturale Gebrüll in Spielarten des Heavy Metal; die Intimität von Kate Bushs *Don't Give Up*; die noch einmal anders gelagerte vokale Virtuosität bei Interpretinnen der zeitgenössischen Kunstmusik, die wie die zyprisch-französische Sopranistin Sarah Aristidou den gesamten Körper zum Musikinstrument machen. Die physische Präsenz der Stimme wird hier offensichtlich zu Musik, und zwar unabhängig davon, ob es sich um Livemusik oder produzierte Musik handelt.

Umgekehrt scheint es aber auch so zu sein, dass in all diesen Fällen die Musik etwas mit der Stimme macht, dass die musikalische Verwendung sie ins Monströse vergrößert, sie faszinierend künstlich oder uns intensiv berührend intim, tröstend, verführend werden lässt. Müsste man, anstatt die Identität von Musik und Stimme zu postulieren, dann nicht vielmehr nach dem Verhältnis von Musik und Stimme fragen?

Kehren wir nochmal zu Derridas Verständnis von Stimme als reiner Selbstaffektion, als sich selbst vernehmende (Lebens)Äußerung zurück. Weil wir alle eine Stimme haben und gewohnt sind, uns beim Sprechen (und Singen) gleichzeitig zu hören, ist die Stimme kein Musikinstrument neben anderen. Die Stimme ist uns gleichzeitig näher und fremder als das Instrument, das wir spielen (oder hören). Die Mezzosopranistin Cecilia Bartoli sprach in einem Interview kürzlich von der Schwierigkeit, etwas zu produzieren, das man beim Singen nie so hören könne, wie es im Raum oder im Kopf der Hörer klingt. Diese merkwürdige Unhörbarkeit der eigenen Stimme hängt nicht nur mit der Positionalität des Hörens zusammen, sondern vor allem damit, dass wir die eigene Stimme nie nur körperlich (akustisch) hören, sondern immer auch leiblich spüren. Hören wir sie rein akustisch, etwa auf Aufnahmen, wirkt sie auf unheimliche Weise fremd, als wären es nicht wir.

Ausgehend von dieser Spaltung im Inneren der Stimme hat Mladen Dolar zu einer Kritik an Derridas Stimmbegriff angesetzt.[7] Es sei verkürzt, Stimme nur als reine Selbstaffektion des Subjekts zu begreifen, und Derrida unterliege selbst einem logozentrischen Vorurteil, wenn er der gesamten abendländischen Tradition dies unterstellt. Stimme ist für Dolar nie nur die des sich selbst vernehmenden Subjekts, sondern immer auch Objekt, wenn auch nicht zwingend ein äußerliches, empirisches Objekt. Der Psychoanalytiker denkt hier an das Lacansche »objet petit a«, jene weder zeichenhafte noch empirisch nachweisbare, unerreichbare Objektursache des Begehrens, die ihre Realität allein in der Dynamik des psychischen Prozesses hat. Dolar geht es um das Moment von Alterität, das bereits im sich selbst Vernehmen der Stimme angelegt sei, jene Position des Anderen im Subjekt, die dem primären Narzissmus zugrunde liegt, die in der internen Konstitution des Subjekts aber auch von der mütterlichen Stimme und der gebietenden Stimme des Vaters besetzt wird.

Was bedeutet dies für das Verhältnis Musik-Stimme? Es wäre verkürzt, Musik insgesamt nur als künstlerische Verarbeitung psychoanalytisch verstandener Familienszenen zu deuten. Sobald die Stimme in die Musik involviert ist, scheint sie uns als Hörer und Musikmachende aber tatsächlich in solche tiefenpsychologischen Szenarien zu verwickeln. Der psychoanalytische Status der Stimme als Objekt würde erklären, warum Musik als Ausdrucksphänomen von unserer (inneren) Stimme gleichsam Besitz nehmen kann, nämlich dann, wenn die Stimme der Musik zum begehrten Objekt wird und wir ihre Konturen innerlich mit- oder nachvollziehen. Er würde gleichzeitig erklären, warum es dazu einer Differenz innerhalb des musikalischen Phänomens bedarf, der Differenz zwischen dem, was oben die metaphysische Stimme der Musik genannt wurde, und der uneinholbaren Alterität der performativen Stimme.

Beispiele für Musik, die von der Spannung zwischen diesen beiden Polen lebt, muss man, wie gesagt, nicht lange suchen. Manche Stücke machen sie explizit zum Thema. Wenn Sarah Aristidou Jörg Widmanns *Labyrinth V* (2021) für Koloratursopran solo singt, scheint sich ihre Stimme ebenso in der Musik zu verbergen, wie sich die Musik in ihrer Stimme verbirgt, und zwar deshalb, weil das Stück durchgehend auf der Grenze zwischen Musik und nichtmusikalischen Lautäußerungen balanciert. Lachanfälle, Kichern, Schluchzen und Seufzen gehen in Passagen über, in denen die Stimme absolut musikalisch geführt wird, ob konventionell melodisch oder perkussiv mit »Glottis-Schlägen« oder »Lippen-Plopps«.

Unerwartet findet sich das Spiel mit einer in An- und Abwesenheit gespaltenen Stimme auch in der Instrumentalmusik. Berühmt die nur gedachte, wenn auch notierte »innere Stimme« in Schumanns *Humoreske*. Als kompositorische Auseinan-

7 Mladen Dolar, *Das Objekt Stimme*. In: Friedrich Kittler/Thomas Macho/Sigrid Weigel (Hrsg.), *Zwischen Rauschen und Offenbarung. Zur Kultur- und Mediengeschichte der Stimme*. Berlin: Akademie 2002.

dersetzung mit der realen Singstimme kann man umgekehrt Beethovens letzte Klaviersonaten interpretieren. Ihr Notentext ist übersät mit gesangs- und gattungsbezogenen Vortragsanweisungen, die sich in Beethovens Klaviermusik so erst hier finden: »Gesangvoll, mit innigster Empfindung«, »*molto cantabile*«, »Klagender Gesang«, »*Arietta*«. Es sind musikalische Ausdrucksbezeichnungen, gleichzeitig aber auch mehr als das, denn die Musik scheint hier mit all den ihr zur Verfügung stehenden technischen Mitteln wirklich die singende Stimme evozieren zu wollen. So im *Recitativo* aus *op. 110*, wo Beethoven Instrument und Pianisten zu Unmöglichem, einem An- und Abschwellen *(messa di voce)* bei gleichzeitigem *vibrato* auf gehaltenem Ton nötigt. Anders in der vertrackten Schlussfuge der *Hammerklavier-Sonate*, wo ausgerechnet in der rückwärts gespielten Themendurchführung wie aus dem Nichts zuvor verborgene kantable Nebenstimmen auftauchen, um sich für einen Moment vom mechanischen Fugenwesen zu lösen. Die Musik dieser Sonaten zieht sich nicht in Logos, in die Abstraktion zurück wie Bach in einigen seiner letzten Werke. Es ist auf berührende Weise so, als wolle sie, der die tote Apparatur des Instruments doch so klare Grenzen setzt, zur lebendigen Stimme durchdringen.

Von der Jauchegrube in den Mainstream

Zu Quinn Slobodians »Hayek's Bastards«

Von Suzanne Schneider

In seinem 1892 erschienenen Buch *The Grammar of Science* warnte der britische Statistik-Pionier und Eugeniker Karl Pearson seine Leser: »Wenn wir als Gesellschaft unsere eigene Zukunft gestalten wollen […], müssen wir uns vor allem davor hüten, mit unseren starken sozialen Instinkten die Gesellschaft dadurch zu schwächen, dass wir die Vermehrung des schlechten Erbguts immer einfacher machen.« Da »sich aus einer degenerierten und schwachen Herde auch mithilfe von Erziehung, guten Gesetzen und guter Hygiene niemals eine gesunde und starke formen lässt«, liege das einzige Heilmittel darin, das verdorbene genetische Material im evolutionären Kampf um das Überleben auszusortieren. Dabei dürften Mutter Natur dann aber keine lästigen Weltverbesserer ins Handwerk pfuschen.

»Argumente über Politik fußen immer auf Behauptungen über die menschliche Natur«, so Quinn Slobodian in seiner neuen intellektuellen Geschichte der amerikanischen extremen Rechten.[1] *Hayek's Bastards* nimmt eine Koalition von Libertären, Traditionalisten und Paläokonservativen in den Blick, die ein Jahrhundert nach Pearson zu Theorien unveränderlicher genetischer und rassischer Unterschiede zurückgekehrt ist. Ihnen geht es dabei um Argumente für die Überlegenheit des Markts und einen minimalistischen Staat. Es ist

1 Quinn Slobodian, *Hayek's Bastards. The Neoliberal Roots of the Populist Right*. London: Allen Lane 2025.

ein Strang des Denkens, den Slobodian »neuen Fusionismus« nennt. Während die vorangegangene Generation Konservativer religiösen Traditionalismus mit den Prinzipien des freien Marktes verschmolz – der originale Fusionismus, den man mit Frank Meyer und der *National Review* verbindet –, hielten ihre ideologischen Nachfolger evolutionäre Psychologie, Genetik und biologische Anthropologie für nützlicher.

Zu diesen neuen Fusionisten gehörten auch der libertäre Ökonom und Anarcho-Kapitalist Murray Rothbard, der Steuern als Diebstahl und den Staat als Gipfel des organisierten Verbrechens betrachtete; der Rassist Peter Brimelow, erst Redakteur der *National Review* und dann der Gründer der radikalen Anti-Immigrations-Website VDARE; der deutsch-amerikanische Akademiker Hans-Hermann Hoppe, ein Schützling von Rothbard, Gründer der Property and Freedom Society, die die Verbindung von Libertarismus und weißem Suprematismus propagiert. Gemeinsam ist es ihnen gelungen, lange Zeit als abseitig betrachtete Ideen über rassische Unterschiede zurück in den Mainstream zu bringen – die Folgen sehen wir heute.

Slobodian verfolgt die Wege von Rothbard, Brimelow, Hoppe und den anderen Intellektuellen dieser Bewegung zu prominenten neoliberalen Institutionen wie der Mont Pelerin Society (MPS), dem Manhattan Institute und dem Ludwig von Mises Institute zurück. Die 1947 von dem österreichischen Philosophen Friedrich Hayek gegründete MPS hat sich dabei als die einflussreichste dieser Organisationen erwiesen. Zu ihren Mitgliedern gehörten Größen wie Milton Friedman, James Buchanan und Gary Becker. Ihre Argumente für Privatisierung, Deregulierung und progressive Besteuerung bildeten den intellektuellen Kern der Reagan-Revolution. Reagan verband die libertären ökonomischen und philosophischen Auffassungen dann mit sozialem Konservatismus und aggressivem Antikommunismus: Das war der Beginn der neoliberalen Ära.

Hayek's Bastards erklärt, warum die MPS-Mitglieder der zweiten Generation wie Rothbard und der Historiker Paul Gottfried diesen Sieg nicht genießen konnten, nicht einmal nach dem Fall der Berliner Mauer. Sie waren entsetzt, dass der Wohlfahrtsstaat in den westlichen Demokratien weitestgehend erhalten blieb, und fürchteten, sie hätten den Kalten Krieg am Ende doch verloren. Nicht nur stärkten die Regierungen den Umweltschutz und zahlten weiterhin staatliche Unterstützungen, Jahrzehnte des »Kollektivismus« und der Abhängigkeit vom Staat hätten, so fasst Slobodian die Diagnosen zusammen, »die Tugenden der für die Reproduktion des gesellschaftlichen Lebens nötigen Selbständigkeit tödlich geschwächt«. Am allerschlimmsten: Die Regierungen zeigten zunehmenden Ehrgeiz, zugunsten von ethnischen Minderheiten und Frauen zu intervenieren und für eine egalitärere soziale Ordnung zu kämpfen. Angesichts dieser Entwicklungen fanden Libertäre die Argumente des biologischen Determinismus, die lange Zeit nur in sehr abseitigen Publikationen wie *Mankind Quarterly* zirkulierten, ausgesprochen attraktiv.

»Das explosive Wachstum genetischen Wissens«, so das MPS-Mitglied Charles Murray in einem Vortrag von 2006, »bedeutet, dass die Wissenschaft binnen weniger Jahre definitiv ganz präzise wird zeigen können, wie sich Frauen von Männern, Schwarze von Weißen, Arme von Reichen unterscheiden«. Murray war als Ko-Autor von *The Bell Curve* (1994) zu nationaler Prominenz gelangt, dem extrem umstrittenen Traktat, das behauptete, ökonomische und soziale Ungleichheiten seien auf vererbte Intelligenzunterschiede zurückzuführen. »Biologie«, erklärte Rothbard, »steht wie ein Fels in der Brandung egalitärer Fantasien.«

Mit anderen Worten: Welchen Sinn haben Interventionen des Staates, wenn die Ungleichheit in den genetischen Kuchen schon eingebacken ist? Die neoliberale Rhetorik hat sich lange schon auf Natur und Evolution berufen, das geht zurück bis zu Hayeks Interpretation evolutionärer Biologie in seiner »Savannen-Geschichte«. Homo sapiens, so Hayek, habe sich in kleinen, enggeknüpften sozialen Verbänden entwickelt. Darum sei die soziale Atomisierung, die die Grundlage für den freien Markt darstellt, eine zutiefst unnatürliche Sache. »Sozialisten haben die vererbten Instinkte auf ihrer Seite«, erklärte er, während der Einsatz für die kalte, unpersönliche Logik des Marktes erst antrainiert werden müsse. Der Soziologe Benjamin Nelson nannte diesen Zustand gegenseitiger Entfremdung »universelle Andersheit«, eine Lage, in der »alle Menschen insofern ›Brüder‹ sind, als sie füreinander im gleichen Maße ›Andere‹ sind«. Für Hayek war das das Fundament des freien Markts. Die Natur ist in seinem Verständnis keine Meisterin, die Gehorsam verlangt, sondern die Quelle ursprünglicher Affekte, die es im Namen des kapitalistischen Fortschritts zu überwinden gilt.

Slobodian zeigt, wie Anhänger Hayeks wie Rothbard und Murray die Logik ihres Meisters auf den Kopf stellten, wie sie sich auf ihn beriefen, während sie »genau jene intellektuellen Fehler begingen, die Hayek selbst diagnostiziert hatte«. Diese illegitimen Kinder betrachteten die Natur als kosmischen Ursprung angeborener Hierarchien statt als eine Kraft, die es zu überwinden gilt. Nur ein Strafprogramm könne die Menschen an den Ursprung von natürlicher Selektion, Mangel und, implizit, Tod zurückführen, da der Markt Gesundheit und Sicherheit nur jenen zur Verfügung stellt, die beides wirklich verdienen. Slobodian beschreibt, wie sich diese Denker der Soziobiologie und der evolutionären Psychologie zuwandten, um die Notwendigkeit der »drei Härten: festverdrahtete [»hardwired«] menschliche Natur, harte Grenzen und hartes Geld« zu begründen. Wie er die genauen theoretischen Zusammenhänge erläutert, das Konstrukt einer moralischen Ordnung, die von »natürlichen« Hierarchien, Grenzen und Fesseln bestimmt ist, gehört zu den profundesten und originellsten Aspekten des Buchs.

Entscheidender Teil dieser Ordnung ist das, was Slobodian die »Ethno-Ökonomie« nennt, ein Zusammenhang von Argumenten, mit dem die neuen Fusionisten die Gesundheit der Märkte einer Gesellschaft direkt auf den Grad ihrer ethnischen Homogenität zurückzuführen versuchen. Wie Brimelow 1995 in seinem Buch *Alien Nation* schrieb, ist der freie Markt in einen »gesellschaftlichen Rahmen« eingebettet und kann nur funktionieren, »wenn die Institutionen innerhalb dieses Rahmens angemessen sind«. Gemeint sind damit nicht nur Eigentumsrechte und Rechtsstaatlichkeit, sondern auch »ein bestimmtes Maß an ethnischer und kultureller Kohärenz«: Soziale Homogenität, argumentierte Brimelow 1989 in einer *Fi-*

nancial Post-Kolumne, »reduziert Spannungen« im Markt, weil sie eine Vertrauensgrundlage im Verhältnis von Käufern und Verkäufern schafft.

Außerdem »können manche Kulturen mit dem Atomismus und der Unpersönlichkeit des Marktes besser umgehen«. Slobodian erinnert daran, dass die prominentesten Unterstützer von »offenen Grenzen« in den achtziger Jahren in den Redaktionsräumen des *Wall Street Journal* saßen. Die neuen Champions des Volkskapitalismus wandten sich aber insofern gegen Hayeks Feier der globalen Märkte und der Freizügigkeit von Arbeitskräften, »als sie zwar weiter die freie Bewegung von Kapital und Gütern forderten; wenn es um eine bestimmte Sorte Menschen ging, zogen sie aber eine sehr harte Grenze«. Dieser Libertarismus geschlossener Grenzen konnte gleichzeitig für das Outsourcen der Produktion wie die Begrenzung von Immigration eintreten, die globale Bewegung des Kapitals befürworten wie die Bewahrung der (vermeintlich einzigartigen und implizit weißen) Nationalcharaktere westlicher Länder.

Hayek's Bastards setzt diese Argumente mit den Gespenstern der andernorts stattfindenden Dekolonisierung und der Desegregation im eigenen Land in Beziehung. Von besonderer Bedeutung war das zweite »Symposium on Human Differentiation«, das 1974 auf Einladung von Charles Kochs Institute for Humane Studies in Gstaad stattfand. Sprecher wie der Ökonom Nathaniel Weyl betonten die Gefahren, die drohen, wenn »den verelendeten Massen des Orients und der Tropen beigebracht wird, dass weder Rasse noch Klasse ihrem Fortkommen Fesseln anlegen«. Wenn Intelligenz auf die Rassen unterschiedlich verteilt sei, dann seien harte Grenzen zwischen dem Globalen Süden und dem Norden eine Notwendigkeit für das Überleben der nördlichen Zivilisation.

Argumente dieser Art dienten auch als Bollwerk gegen jeden Anflug der Verantwortung für die imperiale Geschichte: Peter Bauer, einer von Margaret Thatchers Lieblingsökonomen, erklärte in den siebziger Jahren, reiche Länder hätten keineswegs eine moralische Verpflichtung, den armen Ländern zu helfen, und sollten auch nicht davon ausgehen, dass diese zu erfolgreichen Teilnehmern der Weltwirtschaft werden könnten. »Was viele der armen Länder am Aufstieg hindert«, so Bauer, »sind die Menschen, die in ihnen leben.« Anhänger von Murray, Hoppe und Brimelow würden so etwas später »rassischen Realismus« nennen und damit jeden Versuch zur Verbesserung der Situation von Minderheiten-Communitys in den Vereinigten Staaten diskreditieren. Der ultimative Fluchtpunkt der neoliberalen Bewegung Richtung Natur war das Gold – nicht einfach als ökonomisches Prinzip, sondern als moralischer Imperativ. Slobodians Passagen zu den »Goldkäfern« sind besonders lesenswert, nicht zuletzt, weil er auch profanen Medien wie Newslettern, Handbüchern und dann auch Websites, Feeds und Chatrooms seine Aufmerksamkeit widmet. Er erinnert daran, dass viele Neoliberale Richard Nixons Entscheidung von 1971, den Goldstandard aufzugeben, kritisierten, »weil sie glaubten, der Staat befreie sich damit von segensreichen Begrenzungen«. Währungen, die nicht mehr an wertvolle (und immer limitierte) Metalle gebunden seien, hätten ausgabefreudige Regierungen und Umverteilungspolitik zur Folge. Das zumindest stand im Einklang mit den Schriften von Hayeks Lehrer Ludwig von Mises, der die Bindung ans Gold schätzte: »als Bremse für die Tendenz demokratischer Staaten, über ihre Möglichkeiten zu leben«. Der Anlageberater Harry Browne schrieb in seinem 1970 erschienenen Buch *How You Can Profit from the Coming Devaluation*: »Regierungen mögen Gold nicht, weil es ihnen sagt, wenn sie etwas falsch machen. Ohne Gold kommen sie mit ihren Vergehen ein wenig länger durch.«

Mises hat dem Gold, anders als *goldbugs* wie Browne, allerdings keine metaphysischen oder mystischen Qualitäten zugesprochen und seine Privatakkumulation auch nicht mit Fantasien eines souveränen Selbst in Verbindung gebracht. Die *goldbugs* beschworen den politischen und sozialen Kollaps, den Individuen nur mit Gold überstehen können, und versuchten zugleich, vom imaginierten kommenden Ruin zu profitieren. (»Die Geschichte des Libertarismus in den Vereinigten Staaten lässt sich nicht trennen vom Geschäft, das mit dem Verkauf von Sammelmünzen gemacht wird«, notiert Slobodian.) Das Horten von Gold wurde zur Einstiegsdroge für die Überlebens- oder »Prepper«-Bewegung, die in den 1990er Jahren unter dem Einfluss von Publikationen wie dem *Ron Paul Survival Report* (ursprünglich *Ron Paul Investment Newsletter*) entstand, die prognostizierten, dass der Untergang des Sozialstaates zu sozialen und insbesondere zu Rassenunruhen führen würde. »Machen Sie Ihr Haus zur Festung«, empfahl ein Anlageberater namens James B. Powell in einem 1993 in Pauls Newsletter erschienenen Artikel. »Seien Sie physisch und psychisch vorbereitet auf den totalen Zusammenbruch, der womöglich fast ohne Vorwarnung kommt.« Diese Belagerungsmentalität ist inzwischen Teil des Mainstreams, und es kann nicht schaden, sich im Zeitalter der Luxus-Apokalypse-Bunker an die Jauchegrube, aus der das alles kam, zu erinnern.

Donald Trumps »big beautiful bill« unterstreicht, dass Slobodians Protagonisten erfolgreich waren, wenn auch mit einer Schlagseite. Jetzt, wo zusätzliche Milliarden für Lager, ICE-Agenten und Militär ausgegeben werden, mit entsprechenden Kürzungen für Lebensmittelmarken, Medicare und Mietbeihilfen, zuzüglich defizitsteigernden Steuererleichterungen für die reichsten Amerikaner, sind wir keineswegs im minimalistischen Staat der libertären Träume angekommen, sondern in einem vollständig militarisierten. Nicht die Disziplin der Märkte allein, sondern auch die blanke Staatsgewalt setzt nun die »natürlichen« Hierarchien durch, die die neuen Fusionisten so faszinierend finden.

Hayek's Bastards geht über die gängigen Erklärungsansätze zum Aufstieg der extremen Rechten hinaus, in denen, wie Slobodian zu Recht bemerkt, das Wort »Kapitalismus« zumeist gar nicht erst auftaucht. In der Regel wird die wiedergewonnene Vitalität der Rechten als kultureller Backlash beschrieben, als Abwehrreaktion angesichts von Globalisierung, Bürgerrechten und feministischen Bewegungen. Folgt man Slobodian, der diesen thematischen Faden allerdings nicht sehr weit spinnt, wäre es zutreffender, hier von einem »Frontlash« zu sprechen. Es seien ja nicht etwa über geschlossene Fabriken und stagnierende Löhne empörte Arbeiter gewesen, die den politischen Klimawandel entscheidend vorangetrieben hätten, sondern Intellektuelle und ihre Geldgeber.

Angesichts der bestens ausgestatteten Institutionen, die die konservative Welt unterstützen und versuchen, das MAGA-Versum ideologisch zu unterfüttern, spricht vieles für diese Position. Allerdings verschleiert die Konzentration auf den Einfluss intellektueller Eliten eine komplexere Dynamik. Schließlich arbeiten Intellektuelle ständig an ihren Ideen und Thesen, Bedeutung gewinnen diese aber vor allem in Krisen- und Übergangsphasen. Hayek und die anderen Mitglieder der MPS verbrachten Jahrzehnte damit, ihre Theorien in Berghütten zu verfeinern, doch erst die Krise der 1970er Jahre – ausgelöst durch den Vietnamkrieg, den Jom-Kippur-Krieg und das darauf folgende Ölembargo und die Stagflation – bot ihnen eine politische Chance.

Ganz ähnlich verhält es sich mit den reaktionären Thesen über angeborene biologische und kulturelle Unterschiede. Sie wurden schon kurz nach dem Ende des Kalten Kriegs wieder in Umlauf gebracht. Politisch wirksam aber wurden sie erst nach den Anschlägen vom 11. September, den kostspieligen Kriegen in Afghanistan und im Irak und der Finanzkrise von 2008, die die internationale Nachkriegsordnung erschütterte. Es gibt einen Grund, warum Donald Trump das tun konnte, was Pat Buchanan nicht konnte, und dieser lässt sich nicht allein mit »Frontlash« (oder gar der Geistesgeschichte) erklären.

Slobodian arbeitet die Kontinuität zwischen der MAGA-Ära und ihrem »respektablen« Vorgänger heraus. Viele »zeitgenössische Ausprägungen der extremen Rechten«, so seine These, seien »innerhalb des Neoliberalismus entstanden und nicht in Opposition zu ihm«. Dass ausgerechnet der Neoliberalismus der Nährboden war, auf dem sich die rassistischsten, frauenfeindlichsten und paranoidesten Strömungen der heutigen extremen Rechten entwickelt haben, sei dabei weder überraschend noch widersprüchlich. Es habe sich dabei schließlich um die vorherrschende Ideologie der letzten Generation sowohl auf der linken als auch auf der rechten Seite gehandelt: »Wenn wir den Neoliberalismus als ein Projekt zur Umgestaltung des Staates zur Rettung des Kapitalismus betrachten, dann beginnt sich seine vermeintliche Opposition zum Populismus der Rechten aufzulösen.«

Nun hat allerdings nicht nur der Neoliberalismus dieses Projekt verfolgt; auch Marx betrachtete den Staat bereits als »ein Komitee zur Verwaltung der gemeinsamen Angelegenheiten der gesamten Bourgeoisie«, und Hannah Arendt beschrieb den Imperialismus einprägsam als einen Prozess der Umverteilung öffentlicher Ressourcen im Dienste der Expansionsbedürfnisse des Kapitals. Der Neoliberalismus hat das Projekt der Vereinnahmung des Staates ebenso wenig ins Leben gerufen wie die Renaissance der Rassenkunde. So sinnvoll es ist, die strategische Kontinuität zu erforschen, so wenig ist damit gewonnen, wenn man die umfassendere ideologische Kluft zwischen dem Neoliberalismus und den derzeitigen konservativen und rechtsextremen Kräften dabei nicht ebenfalls in den Blick bekommt.

Slobodians überzeugendste These lautet, dass es neue Fusionisten wie Rothbard und Hoppe waren, die als Bindeglied zwischen dem Libertarismus des 20. Jahrhunderts und der Alt-Right fungierten. Der Begriff »Alternative Right« wurde 2008 von Paul Gottfried, einem ehemaligen MPS-Mitglied und Herausgeber des ultrakonservativen *Chronicles Magazine*, und dem neonazistischen politischen Agitator Richard Spencer geprägt. Im allgemeinen Sprachgebrauch etablierte er sich während des Präsidentschaftswahlkampfs 2016, als es darum ging, die »heterogene Ansammlung von weißen Nationalisten, Neonazis, männlichen Suprematisten, Neoreaktionären, Paläokonservativen, Online-Trollen und Anarchokapitalisten zu beschreiben, die rechts vom Mainstream der konservativen Bewegung stehen«.

Blickt man auf Gottfrieds publizistische Kampagnen für Minimalstaatlichkeit und eine protektionistische Außenhandelspolitik, auf Spencers politische Predigten für geschlossene Grenzen und freie Märkte – der argentinische Präsident Javier Milei, der sich ausdrücklich als Anarchokapitalist versteht, wäre ein weiteres Beispiel –, ist die Familienähnlichkeit in der Tat nicht zu übersehen. Der Einfluss von Hoppe und Rothbard auf den neomonarchistischen Schriftsteller Curtis Yarvin, dessen Ideen zum Zusammenbruch der Demokratie von J. D. Vance öffentlich begrüßt wurden, dürfte ebenfalls außer Frage stehen. Im Dezember 2024 verkündete Yarvin in einem Blog-Beitrag: »In this house we believe in science – *race* science.«

Heute steht der Silicon-Valley-Flügel der extremen Rechten dem neuen Fusionismus am nächsten, eine undurchsichtige Gruppe reaktionärer Gründer, Neo-Eugeniker und Unternehmer, die private Städte anpreisen, in denen Governance als Dienstleistung angeboten wird. Próspera ist eine dieser Städte. Die »Startup-Zone mit Regulierungs- und Steuerautonomie«, wie es deren Marketingabteilung formuliert, liegt auf der honduranischen Insel Roatán und richtet sich an Unternehmer, die nach der »Freiheit zu gestalten und zu bauen« suchen, ohne durch demokratische Kontrolle eingeschränkt zu sein. Próspera lockt Gründer mit dem Versprechen niedriger Steuern, Krypto-Gipfeltreffen und der »höchsten Dichte an interessanten Menschen weltweit« – bei den neuen Fusionisten wird ein großer Kult um ultraintelligente Gruppen getrieben, die Slobodian als »Neuro-Kasten« bezeichnet.

In den letzten Jahren wurde die Alt-Right allerdings von der (neuen) neuen Rechten dominiert, den sogenannten Postliberalen. Die vertreten zwar ähnlich abscheuliche rassistische Ansichten, lehnen libertäre politische und wirtschaftliche Ideen aber ausdrücklich ab. Wie Matthew Continetti vom konservativen Thinktank American Enterprise Institute kürzlich zugab, gibt es »eine wachsende Zahl von Menschen, insbesondere junge Menschen, die der Meinung sind, dass die Realitäten des 21. Jahrhunderts uns zwingen, einige der Lehren oder Doktrinen, für die Hayek und Friedman eintraten, zu verwerfen«.

Als Geschichtsdarstellung ist Slobodians Bericht überzeugend, ja sogar unverzichtbar; die Frage ist, ob er auch die Genealogie der gegenwärtigen Krise angemessen wiedergibt. Tatsächlich ist die Marginalisierung libertärer Ideen innerhalb der amerikanischen Rechten auffällig, egal ob wir uns Yarvins neomonarchistische Vision ansehen, die die absolute Diktatur eines CEO-Königs fordert, oder Yoram Hazonys nationalkonservative Variante, die wirtschaftlichen Protektionismus und Industriepolitik befürwortet. Brian Doherty schlug in einem Artikel für das libertäre Magazin *Reason* Alarm, nachdem Peter Thiel auf der National Conservatism Conference 2019 aufgetreten war: »In seiner einstündigen Präsentation zeigte Thiel keine besonderen libertären Neigungen. Stattdessen sprach er sich dafür aus, politische Entscheidungen nicht darauf auszurichten, das Leben einzelner Menschen zu verbessern, sondern das kollektive ›Amerika‹ zu stärken und dessen Feinde zu vernichten.«

Dabei hatte Thiel nichts anderes getan, als seinem Freund Hazony nachzusprechen, der Marktprinzipien als Grundlage der politischen Gemeinschaft ablehnt und die Überlegenheit kollektiver gegenüber individueller Freiheit vertritt. Eine solche Position schließt zwar ein Bekenntnis zu kultureller Homogenität ein, wie es auch für den neuen Fusionismus charakteristisch ist. Allerdings leitet jemand wie Hazony seine Schlussfolgerungen aus ganz anderen Quellen ab. Es sind nicht Hayek oder Mises, sondern Carl Schmitt und Meir Kahane, die ihm ins Ohr flüstern.

Ich bin schon lange der Ansicht, dass viele Beobachter den libertären Selbstdarstellungen von Thiels Mitstreitern unter den »Broligarchen« viel zu leichtgläubig gegenüberstehen. Wenn man verfolgt, wie sie versuchen, ihre Nähe zu Präsident Trump in lukrative Verteidigungs- und Überwachungsaufträge umzumünzen, deutet meines Erachtens eher wenig darauf hin, dass sie irgendein Interesse an freien Märkten haben könnten. Unternehmerische Parasiten wie sie brauchen einen Staat, von dem sie sich ernähren können. Yarvin hat DOGE als zu libertär verachtet und Trumps Zölle als unzureichend merkantilistisch abgelehnt; er will einen maximalen Staat, keinen minimalen. Spencers einzigartig toxische Variante des Libertarismus und biologischen Rassismus richtet sich an eine immer kleiner werdende Gruppe von Menschen, die nicht durch Letzteres, sondern durch Ersteres entfremdet sind.

Hayek's Bastards zeichnet nach, wie rechtsgerichtete Libertäre dazu beigetragen haben, die Rassenkunde wieder im politischen Mainstream zu verankern. Das Buch stellt damit eine perfekte Ergänzung zu John Ganz' Studie *When the Clock Broke* (2024) dar, in der beschrieben wird, wie die Allianz aus Libertären und Paläokonservativen, die sich um Pat Buchanan gebildet hatte, anarchokapitalistische Ansichten mit weißem Rassenhass verband. Diese Konstellation zu verstehen, ist nach dem zweiten Sieg Trumps noch einmal wichtiger geworden. Sie deutet aber auch auf Kontinuitäten zwischen MAGA und früheren Formen des Konservatismus hin, die eher taktischer als ideologischer Natur sind. Die Geschwindigkeit, mit der viele in der heutigen extremen Rechten ihre libertären Prinzipien abgelegt haben – ein Trend, den Slobodian nicht thematisiert –, deutet darauf hin, dass Rothbard und Hoppe weniger durch ihre Wirtschaftsphilosophie politisch wirksam geworden sind als vielmehr über ihr Rassenprojekt, das lange vor dem Neoliberalismus begann und diesen überdauern wird.

Dieses Ungleichgewicht verrät auch den wahren Grund für das Misstrauen gegenüber dem Staat: Es geht nicht etwa um dessen Größe oder um seine Natur, es geht darum, welchen Menschen er dient. Man muss sich nur ansehen, wie die extreme Rechte die Sprache der Bürgerrechte heimtückisch vereinnahmt hat (und mittlerweile auch den Staat selbst). In den letzten Jahren haben Murray und Brimelow alles versucht, die Rassenkunde unter Verweis auf den damit vermeintlich verbundenen Respekt für die »menschliche Vielfalt« zu legitimieren und, umgekehrt, jegliche Ablehnung der weißen Vorherrschaft als »Diskriminierung aufgrund von Weltanschauungen« zu verunglimpfen. America First Legal, eine Gruppe konservativer Rechtsaktivisten, die vom Berater des Weißen Hauses, Stephen Miller, gegründet wurde, hat begonnen, Klagen wegen angeblicher Diskriminierung von Weißen einzureichen. Während ich diese Zeilen schreibe, steht VDARE kurz vor der Schließung, weil es keine Website-Hosting- oder Bankdienstleistungen mehr erhalten kann, und sein Gründer agitiert für eine Bundesgesetzgebung, »die die Meinungsfreiheit nach Amerika zurückbringt« – vermutlich unter Verwendung der Bürgerrechtsgesetzgebung und der Autorität des Justizministeriums. Das Etikett »libertär« verliert zunehmend an Bedeutung.

Und genau das ist der Grund dafür, warum die Lektüre von *Hayek's Bastards* bei mir das Gefühl hinterlassen hat, dass das Buch die chaotische Stimmung der ersten Trump-Regierung besser einfängt als die der aktuellen. Wie schon häufig beobachtet worden ist, spiegelt die derzeitige Version des Weißen Hauses unter Trump eine ideologisch deutlich weiter entwickelte und institutionell robustere Bewegung wider – eine Bewegung, die politischen Schwung gewonnen hat, indem sie argumentiert, dass die Märkte der Nation dienen sollten und nicht umgekehrt. Die heutige extreme Rechte empfindet nicht nur die Freizügigkeit von Menschen als problematisch, sondern auch die Freizügigkeit des Waren- und Kapitalverkehrs.

Wir müssen diese Abkehr vom Neoliberalismus ernst nehmen, um uns mit grundlegenden Fragen auseinanderzusetzen: Warum haben verschiedene Faktionen der

Rechten libertäre Prinzipien über Bord geworfen, die doch jahrzehntelang im Zentrum der konservativen Wirtschaftsdoktrin standen, während sie gleichzeitig ihren Glauben an »natürliche« Hierarchien beibehalten oder sogar noch vertieft haben? Inwiefern hängt die Hinwendung der Rechten zu »wissenschaftlichen« Argumenten mit der moralischen Panik über die Geburtenraten zusammen, die Argumente für eine pronatalistische Familienpolitik zugunsten »echter« Amerikaner befeuert? Inwieweit stehen Zölle und die derzeitige Verschärfung der Einwanderungspolitik – die mit dem Druck auf die Löhne begründet, aber von Hayeks Anhängern im Silicon Valley weitgehend abgelehnt wird – im Einklang mit einer Politik des Volkskapitals? *Hayek's Bastards* liefert vielleicht keine Antwort auf diese Fragen, aber es bietet doch einen idealen Rahmen, um sie zu stellen.

Aus dem Englischen von Christian Demand und Ekkehard Knörer

Was waren Vibes?

Von Elias Kreuzmair

Im Jahr 2005 stellt sich der College-Student Ezra Koenig auf seinem eben eingerichteten Weblog *Internet Vibes* so vor: »Hey EVERYBODY! Welcome to my homepage. My name is Ezra and I'm a 21 year-old college student. I grew up in Glen Ridge, NJ and went to Glen Ridge High School (the very high school of Tom Cruise!).« Und weiter: »The name of my homepage is ›Internet Vibes‹. Mostly this homepage will be about music vibes and Tom Cruise vibes.« Auch zur Interaktion wird aufgefordert, mit der Bitte, beim Thema zu bleiben: »Please leave comments in which you discuss the vibes. My goal is to categorize as many vibes as I can. My favorite kinds of music are rap and rock.«[1]

Es ist eine andere Zeit des Internets: Weblogs lösen gerade persönliche Homepages ab, Koenigs Begrüßungstext ist formuliert, als würde er auf einer ebensolchen stehen; Social Media im heutigen Sinn entsteht erst, Myspace und Facebook wurden 2003 und 2004 gegründet. Man kann nicht mehr ermessen, wie irritiert die vermutlich eher geringe Leserschaft dieses Weblogs von der auffällig penetranten Wiederholung des Begriffs »Vibe« gewesen sein mag und wie erstrebenswert ihr die Kategorisierung so vieler Vibes wie möglich erschien. Immer wieder wird Koenigs Weblog als eine Art Urszene des gegenwärtigen Vibe-Revivals genannt.[2] Das Wort hat seither eine noch beachtlichere Karriere durch-

1 Ezra Koenig, *Internet Vibes. To feel the internet vibes and understand them*. In: *Internet Vibes* vom 11. April 2006 (internetvibes.blogspot.com).

2 Etwa bei Peli Grietzer, *A Theory of Vibe*. In: *Glass Bead*, 2017 (www.glass-bead.org/article/a-theory-of-vibe/?lang=enview); Kyle Chayka, *Tiktok and the Vibes Revival*. In: *New Yorker* vom 26. April 2021 (www.newyorker.com/culture/cultural-comment/tiktok-and-the-vibes-revival). Trotz des einschlägigen Titels entwickelt Grietzer keine allgemeine Theorie des Vibes, sondern beschäftigt sich mit Auto-Encodern.

laufen als Koenig, der als Sänger der Indie-Band Vampire Weekend zu einiger Berühmtheit gelangte.

Der Begriff »Vibes« zählt zu den populären Kategorien der Gegenwart, seit den 2010er Jahren hat er sich in der Internet- und Popkultur ausgebreitet. Es entstanden Instagram-Accounts, die Fotos mit »neukollnvibes«, »90scelebvibes« oder einfach »old.vibes« sammeln, und auf Reddit wurde diskutiert, ob nicht alle Philosophie »just vibes« sei.[3] Trendforscher diagnostizierten eine Folge von »vibe shifts«. Im Dezember 2024 veröffentlichte die *New York Times* einen Artikel mit der Überschrift »Can You Copright a Vibe?«[4] Eine Influencerin hatte eine andere verklagt, weil sie jener unterstellte, ihren Vibe kopiert zu haben. Was waren Vibes? Die kurze Antwort lautet: ein neuer »Unschärfejoker«.[5]

Koenig sammelte auf seinem Weblog Bilder, die jeweils für einen bestimmten Vibe stehen. Ausführlich diskutiert er auch seinen eigenen Vibe am Beispiel von Fotos aus verschiedenen Zeitabschnitten. Auffällig ist, dass es immer wieder um popkulturelle Formationen geht, die anhand visueller Artefakte analysiert werden: etwa der »Bearded, eighties, semi-crunchy«-Vibe von Jeff Daniels in dem Film *The Squid and the Whale* (2005) und Michael Gross in der Sitcom *Family Ties* (1982–89) oder der »Mod culture vibe« des Posters von *Quadrophenia* (1979), einer Rockoper der Band The Who. Es kann dabei aber auch um spezifischere Dinge gehen. So sammelt Koenig über mehrere Posts hinweg Fotos, die einen bestimmten, durch Blitzlicht ausgelösten Lichtreflex auf grauen New-Balance-Sneakern zeigen und diese, so Koenig, zu »ghost shoes« machen.

Die Idee von Koenigs »Internet vibes« nimmt vorweg, was mit dem zeitweise sehr populären Weblog-Anbieter Tumblr, gegründet im Jahr 2007, dann zum Prinzip geworden ist: aus Bildern, aber auch Texten, einen bestimmten Zusammenhang zu schaffen, der sich als spezifischer Vibe ästhetisch kategorisieren lässt. Die Konjunktur des Begriffs ist also mit Social Media und der Transformation des Netzes vom Text- zum Bildmedium verknüpft. Spätestens 2010, mit der Gründung von Instagram, hat sich dieses Prinzip ausgebreitet. Auch wenn man durch die angesprochenen Instagram-Accounts scrollt, stellt man fest, dass ihr Versprechen daraus besteht, einen Ort – Berlin-Neukölln – oder eine Zeit – die 1990er – durch die Summe der einzelnen Fotografien auf den Punkt zu bringen. In der Reihenbildung erzeugen die Accounts ein gegenläufiges Moment zum algorithmisch kuratierten Newsfeed. Der datengetriebenen Optimierung im Sinn der Geschäftsmodelle des Plattformkapitalismus wird eine affektive Logik der gefühlten Gemeinsamkeit entgegengestellt, deren Zirkulation jedoch wieder auf genau jenen Algorithmus angewiesen ist.

Manchmal sind es bestimmte, allgemein gebräuchliche Adjektive, die ästhetischen Objekten bestimmte Vibes zuordnen. Kyle Chayka, Redakteur des *New Yorker* für Social Media-Themen, hat »cringe« oder

3 *It's all just vibes?* In: *Reddit*, 2024 (www.reddit.com/r/PhilosophyMemes/comments/1cj9l7l/its_all_just_vibes/).

4 Sandra E. Garcia, *Can You Copyright a Vibe?* In: *New York Times* vom 7. Dezember 2024.

5 Rembert Hüser, *Vom Stapel lassen*. In: *Nach dem Film*, Nr. 9 vom 1. Dezember 2007. (nachdemfilm.de/issues/text/vom-stapel-lassen).

»cursed« als virale Vibes bestimmt.[6] Bilder oder Videos werden mit diesen kurzen Wörtern gepostet, um sie einem bestimmten Vibe zuzuordnen. Eine andere Variante besteht darin, zwei Bilder zu kombinieren und mit dem Statement »same energy« zu veröffentlichen. Den Bildern wird auf diese Weise zugeschrieben, dieselbe emotionale Botschaft, denselben Vibe auszustrahlen.

Bilder oder Videos können aber auch als aktuelle *moods* identifiziert werden. Dafür wird das betreffende Bild mit dem Wort in der Beschreibung ohne weiteren Kontext gepostet. Chayka hat das Vibe-Revival vor allem der Plattform TikTok zugeschrieben. Wie Mitch Therieau gezeigt hat, gibt es jedoch einen größeren, vor allem sprachlich manifesten Zusammenhang, den man als »platform occult« bezeichnen kann.[7] Therieau versteht darunter den Zusammenhang aus den Begriffen »mood«, »energy« und eben »vibe«. Er sieht die Konjunktur der Begriffe als Reaktion auf die undurchschaubaren Mechanismen der Social Media-Plattformen – eine Wiederverzaubemung der technischen Welt. Wenn wir den Algorithmus, der die Inhalte sortiert, nicht durchschauen können, müssen Schlagwörter aus dem Bereich des Okkulten helfen, um Zusammenhänge zu benennen.

Sie sind ein Versuch, den Teil von Social-Media-Plattformen beschreibbar zu machen, der nicht zugänglich ist. Zugleich laufen die Vibes quer zur Logik der Aktualisierung, die in den Plattformen angelegt ist. Der technischen Ordnung des Algorithmus wird eine affektive Ordnung einer gefühlten Kohärenz entgegengestellt. Diese Bewegung vollzieht sich jedoch nicht jenseits der oder gegen die Plattformen, sondern auf ihnen.

Therieau und Chayka verweisen mit unterschiedlicher Akzentuierung auch darauf, wo die Vorgeschichte des Wortes »Vibe« zu suchen ist: im Jazz der 1930er und 1940er Jahre.[8] Zu diesem Zeitpunkt kam das Vibraphon als Instrument auf. Wer an den »Vibes« sitzt, ist Jazzmusiker und hat ein Glockenspiel mit elektrisch rotierenden Resonanzröhren vor sich, die vibrierende Töne erzeugen. Der Neuigkeitswert des Instruments überträgt sich auch in die Titel der Songs. Lionel Hampton, der wahrscheinlich wichtigste Vibraphonist der Musikgeschichte, schrieb Stücke mit Titeln wie *Vibraphone Blues* (1936), *Jivin' the Vibes* (1939) und einen *Vibe Boogie* (1945); seine Alben heißen *Golden Vibes* (1959), *Silver Vibes* (1960) und natürlich *Good Vibes* (1979). 1966 sangen dann die Beach Boys von *Good Vibration*. Tatsächlich plante Brian Wilson zunächst, den Song *Good Vibes* zu nennen.[9]

Zugleich distanziert diese Verschiebung den Songtitel vom umgangssprachlichen und mit Black Culture assoziierten Gebrauch des Wortes. Die aktuelle Konjunktur des Vibes hat eine an diese Vorgeschich-

6 Kyle Chayka, *Tiktok and the Vibes Revival*. In: *New Yorker* vom 26. April 2021.

7 Mitch Therieau, *Vibe, Mood, Energy. Or, Bust-Time Reenchantment*. In: *The Drift* vom 19. Januar 2022 (www.thedriftmag.com/vibe-mood-energy).

8 Nicht zufällig beschäftigt sich die bisher grundlegende Arbeit zu diesem Begriff im deutschsprachigen Raum mit einem musikalischen Gegenstand. Vgl. Julian Schmitzberger, *Alles vibriert. »Vibes« als Paradigma der Pop- und Clubkultur*. In: *Schweizerisches Archiv für Volkskunde*, Nr. 118/2, Januar 2022.

9 Domenic Priore, *Smile. The Story of Brian Wilson's Lost Masterpiece*. New York: Bobcat Books 2007.

te anschließende musikgeschichtliche Dimension. Dass Koenig in seiner Selbstvorstellung angibt, seine Lieblingsmusikrichtungen wären Rock und Rap, markiert ihn als Kind seiner Zeit. Seit den 1990er Jahren ist Hip-Hop nach und nach zum popmusikalischen Leitgenre aufgestiegen. Auch in diesem Kontext spielt der Begriff eine Rolle. Kendrick Lamars *Bitch, Don't Kill My Vibe* (2012) oder 2 Chainz' *It's a Vibe* (2017) sind jüngere Beispiele für Tracks, in denen das Wort im Titel auftaucht. Eine der lange Zeit wichtigsten Zeitschriften für Hip-Hop-Kultur, die inzwischen nur noch online erscheint, trägt den Namen *Vibe*. Der parallele Aufstieg von Social Media und Hip-Hop hat die erneute Konjunktur des Wortes vermutlich erheblich befördert und sie zugleich mit der bis zu Hampton zurückreichenden musikalischen Vorgeschichte verbunden.

Eine zweite Vorgeschichte haben Vibes in Begriffen, die seit dem 19. Jahrhundert eher in den Randbereichen der ästhetischen Theorie zirkulieren: Atmosphäre, Stimmung, Resonanz. Wie bei diesen geht es bei den Vibes um eine ästhetische Erfahrung, in der Subjekt und Objekt in ein Schwingungsverhältnis geraten, das die Hierarchisierung zwischen den beiden Instanzen aufhebt. Wird daraus im Fall der Resonanz, vor allem bei Hartmut Rosa, ein grundlegendes Weltverhältnis, sind Vibes situativer. Der Begriff der Atmosphäre ist im Gegensatz zum Vibe, zumindest bei Gernot Böhme, globaler gedacht. Atmosphären sind bei Böhme an Dinge gebunden und setzen eine leibliche Anwesenheit im Raum voraus, was bei den Instagram-Accounts nicht der Fall ist. Stimmung, zumindest in dem Sinn, in dem Hans Ulrich Gumbrecht den Begriff gebraucht, koppelt »Stimmungskonfigurationen« an bestimmte historische Wirklichkeiten, auch wenn es gewisse Verwandtschaften zum Vibe in Bezug auf die affektiv-körperliche Aktivierung der Rezipienten gibt.[10]

Gemein ist Vibe, Atmosphäre, Stimmung und Resonanz, dass sie Weltverhältnisse beschreiben, in denen eine trennscharfe Unterscheidung zwischen Subjekt und Objekt aufgegeben wird. Subjekt und Objekt ästhetischer Erfahrung treten in unterschiedlich gelagerte Überschneidungsverhältnisse ein. Im Fall der Vibes funktioniert diese Nähe zwischen Subjekt und Objekt der ästhetischen Erfahrung als Mittel, um nicht zum Begriff geronnene, aber gefühlte Verbindungen zu artikulieren.

Die Bewegung, Zusammenhang und Verbindung gegen Singularität zu stellen, findet sich auch im weiteren Feld der Popkultur. 2010 gründeten Greg Fong, Sean Monahan, Chris Sherron, Emily Segal und Dena Yago die »trend forecasting group« K-Hole. Auf ihrer Website veröffentlichten sie zwischen 2011 und 2016 fünf Trendreports mit dem Versuch, gegenwärtige ästhetische Tendenzen und gesellschaftliche Stimmungen auf den Begriff zu bringen. Der bekannteste vierte Report von K-Hole ist im Oktober 2013 unter dem Titel *Youth Mode: A Report on Freedom* erschienen. Darin entwickelt das Kollektiv das Konzept des »Normcore«. Die zentrale Behauptung des Reports ist, dass durch die sozialen Medien und die Globalisierung

10 Vgl. Hartmut Rosa, *Resonanz. Eine Soziologie der Weltbeziehung*. Berlin: Suhrkamp 2019; Gernot Böhme, *Atmosphäre. Essays zur neuen Ästhetik*. Berlin: Suhrkamp 2013; Hans Ulrich Gumbrecht, *Stimmungen lesen. Über eine verdeckte Wirklichkeit der Literatur*. München: Hanser 2011.

der Individualismus an sein Ende gekommen sei. Nach Einzigartigkeit und Distinktion zu streben führe nicht zu Freiheit und Unabhängigkeit, sondern zu Isolation und Vereinsamung.

Dagegen setzt K-Hole Normcore. In *Youth Mode* werden als wesentliche Eigenschaften aufgelistet, dass Normcore »situational«, »non-deterministic«, »adaptable«, »unconcerned with authenticity« und »post-aspirational« sei; es stelle »empathy over tolerance«. Kurz: »Normcore is a path to a more peaceful life.«[11] Mit Normcore schlagen K-Hole ein neues Konzept von Coolness vor: »Normcore moves away from a coolness that relies on difference to a post-authenticity coolness that opts into sameness.« Normcore ist Extrempunkt der Coolness: Cool ist, was normal ist, gerade nicht heraussticht.

Zwar verwenden K-Hole hier den Begriff »Vibe« nicht, sie beschreiben aber die Stimmung, in der er zu einer neuen Konjunktur kommen konnte. Sich je nach Situation unverbindlich verschiedenen Vibes anzupassen heißt, statt Distinktion Zugehörigkeit anzustreben. »Coolness über Distinktion« führte zu Verhaltenslehren der Kälte, Vibes dagegen propagieren die Wärme des Sozialen oder zumindest des unterschwelligen Zusammenhangs. Die Ein- und Ausschlussmechanismen existieren weiter, sie verschieben sich jedoch. Der harten Differenzierung von cool/uncool folgt die Notwendigkeit, unausgesprochene Zusammenhänge zu erkennen, um den aktuellen Vibe zu erspüren.

Gerade Sean Monohan hat sich seit *Youth Mode* damit hervorgetan, immer neue »vibe shifts« auszurufen, die meist in sogenannten Moodboards präsentiert werden. Über Vibes lassen sich soziale Beziehungen als Ausdruck von Stil und Gefühl formulieren, diese erfahren also eine ästhetische Deutung. Vibes stellen sich hier als ein Symptom der »Kulturalisierung des Sozialen« heraus.[12] Mit Reckwitz könnte man das, was K-Hole als Individualisierung kritisiert, genauer als Singularisierung fassen. Geht es doch auf Social Media nicht nur um die Ausstellung eines möglichst individualisierten Individuums, sondern auch um die Ausstellung möglichst singulärer Erlebnisse, Erfahrungen und Orte.

Die beschriebenen Verschiebungen auf medialer und popkultureller Ebene sind schließlich mit einem soziokulturellen Kontext verknüpft. Dabei geht es vor allem um Dynamiken, die in einer Generationensemantik beschrieben werden. In ihrem Essay *A Vibe Shift Is Coming* widmet sich Allison P. Davis den Dynamiken dieser Verschiebungen. Am Beispiel von Monohans Diagnosen teilt sie insbesondere in Großstädten lebende Menschen in verschiedene Gruppen ein. Denn: »[N]ot everyone survives a vibe shift.« Der Hipster zum Beispiel ist längst passé: »The ones still clinging to authenticity and fairy lights are the ones who crystallized in their hipsterdom while the culture moved on.« Sie säßen jetzt mit ihren gewachsten Bärten und ihren Armtattoos in ihren Häuschen im Hudson Valley. Der nächsten Generation ergeht es nach Davis keineswegs besser. Die auf den Hipster folgende Sozialfigur des Hypebeasts, dessen Hauptbeschäftigung im Erwerb teurer Streetwear-

11 K-Hole, *Youth Mode. A Report on Freedom*. 2013 (khole.net/issues/youth-mode/).

12 Andreas Reckwitz, *Die Gesellschaft der Singularitäten*. Berlin: Suhrkamp 2017.

Mode für Instagram-Posts bestand, sei längst wieder abgelöst: »They've already moved to Los Angeles to houses that have room to display their sneaker collections worth a small fortune.«[13]

Natürlich hat auch das Reden von Vibes einen zeitlichen Index. Zugespitzt formuliert das ein Artikel des Journalisten Larry Fitzmaurice.[14] Er leitet die Bezeichnung seiner Generation als »vibe generation« aus deren Flucht vor einer krisenhaften Gegenwart in Musik ab. Das Verhältnis wird als vollkommene Hingabe und Immersion beschrieben, als ein Sich-Verlieren im Gefühl. Fitzmaurice' Beschreibung der »vibe generation« beklagt die »erdrückende Last des modernen Lebens«, das in einer krisenhaften Gegenwart jede Zukunftsvorstellung nutzlos erscheinen lässt und eine Hinwendung zur Vergangenheit als Archiv unendlicher Möglichkeiten zur Folge habe. In dieser Beschreibung lässt sich keine Tendenz zu kritischer Begriffsbildung oder politischer Aktion erkennen, die den Krisen der Gegenwart oder zumindest deren Beschreibung als krisenhaft entgegenwirken könnte. Zentral sind Gefühle und der Rückzug in diese Gefühle: »We're bursting at the seams with feelings.« Dem Eindruck der Zukunftslosigkeit wird die Intensität von Präsenzerfahrungen entgegengestellt.

Die Hinwendung zur Vergangenheit ist schon in Koenigs Blogs auffallend. Mod Culture oder »early 80ies' soul« sind Phänomene, die Koenig erst retrospektiv als Vibes beschreiben kann. Bei Fitzmaurice, der mit dem Begriff »vibe generation« das belegt, was im Generationendiskurs sonst unter dem Label »Millennials« firmiert, ist diese Rückwendung in der Lage der Welt begründet. In Bezug auf Popmusik hat Simon Reynolds dieses Phänomen in seinem Buch *Retromania* schon 2011 diskutiert.[15] Reynolds' Buch ist Teil eines breiteren Diskurses, der um eine gegenwärtige Zukunftslosigkeit oder zumindest eine Abwertung der Zukunft, einen durch Social Media ausgelösten Präsentismus und seine Alternativen kreist. Auch in Douglas Rushkoffs *Present Shock* (2013), Gumbrechts Überlegungen zu einer breiten Gegenwart oder François Hartogs Diskussion des modernen Geschichtsregimes finden sich verwandte Thesen.[16] Fitzmaurice reformuliert diese Diagnose ohne Bezug auf diesen popkulturell-akademischen Diskussionszusammenhang für den Generationendiskurs.

Zwischen der Konjunktur der Vibes in den 1960er Jahren und ihrer gegenwärtigen Prominenz gibt es mit Blick auf diesen soziokulturellen Kontext also einen entscheidenden Unterschied. Bietet die Rede von den Vibes in den 1960er Jahren ein präsentistisches Gegenmodell zum allgemeinen Zukunftsglauben des »space age« mit dem Höhepunkt der Mondlandung 1969, so trifft er gegenwärtig auf eine Krise des Zukunftsdenkens. Statt Kritik, Utopie oder Abhärtung gegen die Gegenwart wählt die

13 Allison P. Davis, *A Vibe Shift Is Coming. Will any of us survive it?* In: *The Cut* vom 16. Februar 2022 (www.thecut.com/2022/02/a-vibe-shift-is-coming.html).

14 Larry Fitzmaurice, *Tame Impala, Chillwave, and Other Dispatches from the Vibe Generation*. In: *Vice* vom 18. Dezember 2015 (www.vice.com/en/article/dispatches-from-the-vibe-generation/).

15 Simon Reynolds, *Retromania. Pop Culture's Addiction to Its Own Past*. New York: Farrar, Strauss & Giroux 2011.

16 Vgl. Eckhard Schumacher, *Present Shock. Gegenwartsdiagnosen nach der Digitalisierung*. In: *Merkur*, Nr. 826, März 2018.

»vibe generation« vorbegriffliche Behaglichkeit.

Möglicherweise ist die Konjunktur des Vibes inzwischen an ihr Ende gekommen. Im Herbst 2024 veröffentlicht die in Berlin, New York und Los Angeles ansässige Agentur Nemesis, hinter der unter anderem Emily Segal, ehemals K-Hole, steht, einen Post mit dem Titel *Brands after Vibes* auf ihrem Weblog. Er fragt: »What is the future of branding in the age of slop?« Frei übersetzt heißt die Frage etwa: Was ist die Zukunft der Markenbildung in einem Zeitalter, in dem alles die gleiche diffuse Masse zu werden droht? Der Essay rekapituliert zunächst gängige Konzepte der Markenbildung – Personen als Marken, Geschichten als Marken usw. – bis in die Gegenwart. Diese sei bestimmt von der Idee von Marken als Vibes. Zentrales Beispiel von Nemesis für vibes-orientierte Markenbildung ist die Filmproduktionsfirma A24, die unter anderem die oscarprämierten *Everything Everywhere All at Once* (2022) und *The Whale* (2022) hervorgebracht hat. Die Filme würden weniger wegen ihrer Plots, ihres Casts und ihrer Story, sondern wegen der spezifischen Art ihrer Weltwahrnehmung – wegen des A24-Vibes – angesehen. Diese Phase der Markenbildung sei jedoch vorbei. Das Problem sei, dass Vibes diffus würden und sich auf den Social-Media-Plattformen alles zu einem Einheitsbrei mische. Genau darauf deutet auch die oben erwähnte Auseinandersetzung der Influencerinnen über einen vermeintlich kopierten Vibe hin. Spätestens mit KI-Bildgeneratoren, die mühelos Werke in beliebigem Stil produzieren und so unkompliziert Artefakte mit bestimmten Vibes erzeugen können, ist die Zeit der Vibes abgelaufen.[17] Sie haben die letzte Phase ihrer ökonomisch-kulturellen Verwertbarkeit erreicht.

17 In diesem Sinn verwendet Peli Grietzer den Begriff – weit vor der Popularitätswelle von KI.

Mit anderen Tieren sprechen
Über Ausdruck, Sprache und Ethik

Von Michel Steinfeld

> »Perhaps if people talked less, animals would talk more.«
> Elwyn B. White, *Charlotte's Web*

Bellen mit Untertiteln – unter dieser Schlagzeile berichtete die *Süddeutsche Zeitung* im Mai 2025, dass der chinesische Konzern Baidu ein Patent auf einen KI-gestützten Übersetzer für den alltäglichen Austausch mit Tieren eingereicht habe. Baidu steht damit in einer Reihe von Projekten, die mithilfe von Künstlicher Intelligenz Tiersprachen »entschlüsseln« wollen. Ganz vorne dabei ist beispielsweise die CETI-Initiative, die sich darauf spezialisiert hat, die Äußerungen von Pottwalen zu entziffern. Ebenso das Earth Species Project, das unterschiedliche Forschungsprojekte zur Entwicklung einer KI vorantreibt, die in der Lage wäre, fast ausschließlich aufgrund von Daten Tierlaute in menschliche Sprachen zu übersetzen.

Die Aussichten auf Erfolg stehen gut, zumindest, wenn als Erfolg verbucht wird, dass sich in Lauten und Lautfolgen bestimmte Bedeutungen und syntaktische Verbindungen erkennen lassen. Alle diese Ansätze setzen gleichwohl voraus, dass sich Pottwale oder Hunde über das Gleiche austauschen wie Menschen. Angenommen wird Übersetzbarkeit und Ähnlichkeit. Die Kontraposition: Einzigartigkeit und Andersartigkeit anderer Tiere und ihrer Sprachen. Ein berühmter Strang der europäischen Philosophiegeschichte von Aristoteles bis Heidegger macht es sich deutlich einfacher: Tiere seien grundsätzlich ohne Logos, ohne Sprache.

Fest steht: Menschen interagieren mit nichtmenschlichen Tieren und nutzen dabei Sprache. Und wenn demnächst KI-Übersetzerinnen für Wellensittich und Husky zur Verfügung stehen, lohnt es, sich über diese Alltagspraxis Gedanken zu machen. Den Anfang macht dabei meist die Zuwendung: Menschen sprechen Tiere an. Und das gilt unabhängig davon, ob diese Tiere über Sprache verfügen, ob sie sich entschlüsseln lässt und ob das dann wiederum bei der Verständigung hilft. Man könnte von einer »verdichteten Szene« sprechen, in der der Mensch die Sprache, jenen Logos, der ihn nach einem so oft wiederholten Zeugnis der Antike auszeichnet, an das Tier richtet und offensichtlich auf irgendeine Art der Antwort setzt.

Aber was genau geschieht, wenn ein »Tier«[1] angesprochen wird? Zuerst ist fest-

1 Ich fokussiere im Folgenden Begegnungen mit nichtmenschlichen Tieren, ohne die Abgrenzung des Begriffs »Tier« scharf zu fassen, denn ich vermute, wer Tiere anspricht, hat das angesprochene Wesen bereits irgendwie als ein kommunikationsfähiges, nichtmenschliches Wesen erfasst – und im Vorhinein lässt sich die Praxis nicht theoretisch begrenzen; die einen sprechen nur mit Hunden, die anderen auch mit Glühwürmchen. Das Abstraktum »Tier« dient hier also in Ermangelung eines besseren Begriffs als Platzhalter.

zustellen: Wenn wir mit Tieren sprechen, nutzen wir *unsere* Sprache. Ich, der ich in Deutschland aufgewachsen bin, spreche auf Deutsch mit Ziegen und Krähen. Wer in Sambia aufgewachsen ist, tut dies möglicherweise auf iciBemba oder Xitsonga. Nun wissen Menschen, wenn sie mit Tieren sprechen, dass diese anders kommunizieren. Zu vermuten ist daher, dass es Gründe gibt, die eigene Sprache zu nutzen.[2] Einer dieser Gründe ergibt sich daraus, dass der sprechende Mensch fast immer davon ausgeht, dass das Tier, mit dem er spricht, nicht die Worte und Zusammenhänge versteht, die er artikuliert. Das trifft natürlich nicht auf Worte zu, deren Sinn gemeinsam trainiert wurde, aber es gilt für komplex strukturierte Sätze. Der Mensch, der mit einem Tier spricht, *will* also gar nicht wortwörtlich verstanden werden, jedenfalls nicht in Bezug auf die einzelnen Satzinhalte und ihre komplexen syntaktischen Relationen.[3] Die Motivation, trotz Sprachbarriere dennoch zu sprechen, scheint sich also auf andere Ebenen zu richten. Wie lässt sich dieses anders gelagerte Sprechen beschreiben?

Pragmatisch lassen sich erstens unterschiedliche Sprachregister unterscheiden. Mindestens drei solcher Register sind hier zu nennen: Signalkommunikation (zum Teil in Kommandoform wie »Sitz!«), monologisches Register (oft ist das anwesende Tier dann weniger Dialogpartner als Auslöser des Redens) und kommunikatives Register (also eine dialogische Interaktion mit dem Tier).[4]

Sodann geht es zweitens um die Artikulation einer Haltung, so dass es bei der Ansprache von Tieren weniger um Sach- als um Beziehungsebenen und die damit verbundene Kommunikation von Emotionen geht. Was auch immer gesagt wird, es geht vor allem darum, *wie* es gesagt und intoniert wird. Man könnte hier auf Friedemann Schulz von Thuns Kommunikationsquadrat verweisen: Die Ebenen von Beziehung, Selbstkundgabe und Appell wären dann einschlägiger als die Sachinformation.

Drittens, und das ist vielleicht die phänomenologisch interessanteste Ebene, ermöglicht die Sprachbarriere eine *Gesprächsmodalität* mit eigenen Zügen. Spreche ich mit Tieren, kommt es zu einer scheinbar paradoxen Situation: Ich spreche ein Tier an, erzähle, frage und kommentiere – und dabei erwarte ich keine verbale Antwort. Obwohl das Tier »schweigt«, rede ich weiter. Ich tue so, als ob ich verstanden werde, selbst wenn ich nicht weiß, ob ich verstanden werde, und mir dessen bewusst bin. Keine Antwort zu erwarten ist somit eine sinnvolle Art der Kommunikation, die nicht zum Kommunikationsabbruch

2 Eine Hermeneutik des Verdachts bleibt freilich gegenüber der Selbstverständlichkeit, mit der die je eigene Sprache genutzt wird.

3 Diese Annahme scheint mir jedenfalls in den meisten westlichen Kulturkreisen zuzutreffen.

4 Ähnlich Hans-Werner Huneke, *Sprechen zu Tieren. Formen und Funktionen tiergerichteten Sprechens*. München: Iudicium 2004. Die Grenze zwischen den Registern ist sicherlich oft durchlässig. Wenn ich mit einer aufgeregten Hündin in tiefer Stimmlage spreche, um sie zu beruhigen, ist das, was ich sage, möglicherweise einerlei, aber in der Weise, wie ich es sage, kann es genau die Wirkung erzielen, die auch meine Worte herbeizuführen suchten. Hier finden sich Momente der Signalkommunikation ebenso wie eine kommunikative Ebene.

führt. Die Stille des Anderen wird als antwortendes Schweigen begriffen.

Dieses Schweigen kann sehr unterschiedlich ausfallen: der betroffene Blick des Hundes, das unbeirrt weiter pickende Rotkehlchen, die Ziege, die ihre Augen schließt, während sie gestreichelt wird. Dieses Schweigen ist daher in gewisser Weise *stimmhaft*. Und zwar unter anderem in dem sehr präzisen Sinn, dass es sich in die menschliche Sprache einträgt und seine Spuren hinterlässt. Es artikuliert sich als andere Sprache in der eigenen Sprache. Ganz basal zeigt sich dies in einfachen onomatopoetischen Wendungen (miau, mäh, summ usf.), doch darüber hinaus ist es auch das Schweigen selbst, das sich in unser Sprechen zum Tier einträgt, indem wir auf es hören: Der Ausdruck des Tieres, seine Handlungen, seine Gestik, seine Mimik (sofern muskulär möglich), all dies trägt sich in mein Sprechen mit ihm ein, oft auch explizit, indem ich es kommentiere (»Warum legst du denn die Ohren an?« »Ja, ich sehe dir die Freude ins Gesicht geschrieben!«). Auch in sehr kreativer Weise kommt das Tier zur menschlichen Stimme, indem manche Menschen ihm die eigene, oft verfremdete Stimme leihen und Gesprächspartien des Tieres übernehmen. Ein Phänomen, das sich mit Deborah Tannen »talking the dog« nennen ließe.[5] So werden (vermutete) Anliegen nichtmenschlicher Akteure, halb im Scherz, halb im Ernst, stellvertretend artikuliert.

Die menschliche Sprache, die dem Tier fehlt, wird in diesen und anderen Formen der Eintragung zumindest teilweise stellvertretend übernommen, und so verleiht der Mensch dem Tier Sprache, auch wenn diesem nur »Kommunikationsmittel« zur Verfügung stehen sollten. Das Tier hat Sprache – nicht nur, aber auch –, weil der Mensch ihm Sprache gibt. Und dieses Geben deutet performativ an, dass Tieren Momente wie Personalität, Individualität, Unersetzbarkeit und Würde zukommen, selbst wenn sie Sprache im engeren Sinn nur als empfangene erhalten.

Nun schweigen Tiere nicht nur, sie haben oft auch eine eigene Stimme. Katzen miauen und schnurren im Kontakt mit Menschen um ein Vielfaches ausgiebiger als unter Artgenossen. Dabei modulieren sie sowohl das Schnurren wie das Miauen nach Anlass und Dringlichkeit.[6] Unabhängig von der Frage, inwiefern hier »Sprache« oder »nur Kommunikation« vorliegt, bleibt phänomenal der ganz grundlegende Sachverhalt bestehen, dass Katzen Menschen ansprechen beziehungsweise anschnurren und -miauen und so einen Dialog ermöglichen, der ebenso in stimmhaften Anteilen wie in Gesten und Handlungen bestehen kann.

Somit besitzen andere Tiere Möglichkeiten des Ausdrucks, mit denen sie Anliegen, Gefühle, Bedürfnisse und vieles mehr artikulieren können. Zuweilen elaboriert (wie zum Beispiel bei Pferden, Hunden,

5 Deborah Tannen, *Talking the Dog. Framing Pets as Interactional Resources in Family Discourse.* In: *Research on Language and Social Interaction*, Nr. 37/4, 2004.

6 Vgl. Susanne Schötz u.a., *Melody matters: An acoustic study of domestic cat meows in six contexts and four mental states*. In: *PeerJ Preprints* (doi.org/10.7287/peerj.preprints.27926v1); Karen McComb u.a., *The cry embedded within the purr*. In: *Current Biology*, Nr. 19/13, 2009.

Walen, Affen), zuweilen durch schlichte Reaktionen wie sich Entfernen oder Annähern (eine Kommunikationsform, die auch Spinnen zur Verfügung steht). Aus der Perspektive der menschlichen Sprache mögen diese Ausdrucksmöglichkeiten begrenzt und zuweilen schwer interpretierbar erscheinen; das zwischenartliche Gespräch zeichnet sich jedoch gleichzeitig durch Formen und Möglichkeiten aus, die in anderen Gesprächsformen weniger zu finden sind.

Sobald Menschen sich bemühen, Ausdruck und Stimme anderer Tiere ernst zu nehmen und ihre eigenen Artikulationsformen zu verstehen, ereignet sich daher ein Gespräch, das in seiner Reziprozität weit über die oben angedeuteten Momente hinausgeht. Diese Reziprozität deutet sich gleichwohl bereits in rudimentären Kreaturdialogen an, wie sich am »Du« und am Namen andeuten lässt: In Sprachen mit einem »Du« werden Tiere fast immer geduzt. Einerseits kann sich darin ein Machtgefälle spiegeln, demzufolge Tiere (und Kinder) geduzt werden, weil ein Status- und Befähigungsunterschied bestehe. Andererseits ist das Du eine Umgangsform unter Vertrauten und Bekannten. Insofern uns die meisten Tiere deutlich unbekannter sind als viele Menschen, werden sie im Du dennoch als vertraut angesehen oder nahbar gemacht, was eine interessante Spannung zwischen fremd und vertraut bedingt.

Und: Tiere erhalten Namen, spätestens, wenn man ihnen mehrfach begegnet. Mit dem Namen verbinden sich Zuschreibungen wie Identifizierbarkeit, Personalität, Individualität, Ansprechbarkeit, Transzendenz des Todes, Macht über die Benannten. Dies sei exemplarisch in der Bemerkung verdichtet, dass nichtmenschliche Tiere durch ihre Benennung ins intersubjektive Totengedächtnis aufgenommen werden. Wenn das Tier während seiner Lebenszeit mit seinem Namen angesprochen wurde, so lässt sich dieser Name nach seinem Tod aussprechen und aufschreiben, und damit weitet sich die Gemeinschaft derer, die ihn oder sie nicht vergessen.

Der Name fügt das Tier mithin in die Gemeinschaft jener ein, derer über den Tod hinaus gedacht wird. Das Tier erhält so Ort und Zeit in der intersubjektiv konstituierten Geschichte. Unübersehbar ist dies bei Individuen, die aufgrund bestimmter Ereignisse kollektive Bedeutung erhalten, wie Laika (erste Hündin im Weltraum), Dolly (erstes geklontes Schaf) oder Knut (weltweiter Eisbär-Medienstar aus Berlin).

Inhalt und Ausdruck

Was ein Tier »äußert«, geht in den seltensten Fällen einfach in der Interpretation auf, die wir ihm geben. Und diese Verschiebung ist in den Momenten des nichtmenschlichen Ausdrucks sichtbar, die wir wahrnehmen, ohne ihnen einen eindeutigen Sinn zuschreiben zu können. Hier öffnet sich eine Differenz zwischen Ausdruck und Inhalt, die ich mit einer Unterscheidung von Emmanuel Lévinas als eine Differenz zwischen *Sagen* und *Gesagtem* deuten möchte.[7]

Mit dem Gesagten meint Lévinas alles, was thematisiert wird. Das Sagen dagegen meint den Vollzug des Sprechens über-

7 Emmanuel Lévinas, *Jenseits des Seins oder anders als Sein geschieht*. Übersetzt von Thomas Wiemer. Freiburg: Alber 1992.

haupt. Wer spricht, spricht jemanden an (ob Mensch, Tier, Gott oder sich selbst) und zielt auf irgendeine Form der Antwort. So ereignet sich Sprache zuerst als ein Sprechen und Angesprochenwerden. Der Ursprung der Sprache liegt für Lévinas daher im gesprochenen Wort als Ausdruck, noch ehe es repräsentierbare Bedeutung oder Austausch von Gedanken ist. Insofern wird erst eine Nähe geschaffen, bevor es darum geht, was thematisch zum Ausdruck gebracht wird. Da der Ausdruck mehr zur Sprache bringt, als im Gesagten repräsentierbar ist, verweist er auf den Anderen als Anderen, der sich nicht thematisch begrenzen lässt, gewissermaßen auf die Einzigkeit und Transzendenz des Anderen.

Zahlreiche Tiere besitzen Ausdrucksmöglichkeiten, die auch artübergreifend verständlich sind. Doch auch wo das Verstehen auf Grenzen stößt, bleibt ein Gespräch auf der Ebene des Sagens möglich. Das inhaltlich Gesagte kann im Gespräch mit Tieren zurücktreten, genauer gesagt: ins Unbestimmtere rücken.[8] Was gesagt wird, ist in hohem Maß auf Deutungen angewiesen, doch im Sagen kann sich diesseits dessen eine eigene Bedeutsamkeit des Gesprächs zeigen. Es gibt somit gute Gründe dafür, dass sich eine Dialogizität und soziale Nähe zwischen Menschen und (einigen) Tieren beschreiben lässt. Eine Nähe, die auf der Ansprache auch in Worten beruht und auf eine gemeinsame kodifizierte *langue* verzichten kann (wenn auch nicht muss).

Anthropomorphismus und Anthropozentrismus

Wer mit Tieren spricht, scheint diese unvermeidlich zu anthropomorphisieren. Auch wenn Anthropomorphismen leicht dazu neigen, das Gegenüber zu verzerren, führt ein Anthropomorphisierungsverbot kaum weiter. Es braucht also einen reflektierten und konstruktiven Umgang damit, dass Tiere anthropomorph angesprochen werden. Mit der Brille eines heuristischen Anthropomorphismus lässt sich dann konstruktiv fragen, welche konkreten Zuschreibungen geschehen, wenn Menschen mit Tieren sprechen. Eine oben beschriebene Zuschreibung besteht darin, dass Tiere, sowie sie angesprochen werden, Subjekte und nicht (nur) Objekte sind.[9]

Eine maßgebliche Implikation dessen: Das Subjekt (»Tier«) vor mir ist nicht einfach unter Begriffe, Regeln und Verallgemeinerungen zu bringen. Es ist Subjekt, insofern es zum einen für sich selbst spricht und ich es zum andern als Gesprächspartner anerkenne. In einer gewissen Tradition ließe sich von einem Moment der Würde oder Unableitbarkeit reden, und in dieser Unableitbarkeit steckt ein Stück Unverfügbarkeit. So muss ich mein Gegenüber für sich selbst sprechen lassen, wenn ich etwas davon verstehen will, wer – nicht was – er oder sie ist.

Rechtsgrund dieser Behauptung ist zuerst einmal einzig der Umstand, dass das Tier wie eine Person angesprochen wird

8 Die Bestimmtheit nimmt jedoch mit dem Maß der Kenntnis des artspezifischen und individuellen Ausdrucks zu.

9 Wenn ausschließlich gewaltförmig kommuniziert wird, handelt es sich nicht mehr um ein Reden *mit* Tieren, sondern um ein Reden *zu* Tieren (falls hier überhaupt noch vom »Reden« zu sprechen wäre).

und dieser Gesprächsvollzug Wirklichkeit schafft. Wer das Phänomen, dass Menschen mit Tieren reden, damit erklärt, dass diese nur Anlass oder Projektionsfläche des Sprechens bilden, der nimmt Tieren von vornherein ihre Stimme und reduziert sie auf lebendige Anlässe. Doch der Andere, mit dem gesprochen wird, ist kein Platzhalter, sondern bestimmt die Praxis mit. Ich spreche demgemäß vom *Gespräch* zwischen Menschen und Tieren, weil ich der Meinung bin, es lässt sich aufweisen, dass Tiere eine in spezifischer Weise eigene Stimme haben.[10]

Der nicht zu unterschlagenden Problematik einer Anthropomorphisierung des Tieres korreliert auf der anderen Seite die Möglichkeit, den nicht zu unterschätzenden Anthropozentrismus (westlicher Kulturen) zu unterlaufen, *wenn* und *insofern* Tiere selbst zur Sprache kommen, sich also artikulieren dürfen.[11] Vorausgesetzt ist dabei die Fähigkeit, andere Tiere ihrem Ausdruck gemäß zu verstehen, anstatt vorgefertigte Kategorien anzulegen. Diese Fähigkeit beschreibt freilich eine Herausforderung, die auch in jeder Kommunikation zwischen Menschen besteht. Vorurteile mögen gegenüber Fremden – und Tiere sind mindestens durch die Artgrenze immer auch fremd – ausgeprägter sein, doch das Gespräch ist *ein* Weg, dieser Vorurteile gewahr zu werden.

Ich stimme daher Corine Pelluchon zu, wenn sie festhält: »Da die Tiere die Fähigkeit besitzen, ihre in ihrer individuellen Geschichte ausgebildeten Grundbedürfnisse und Präferenzen zum Ausdruck zu bringen, sind sie nicht lediglich Objekte unseres Schutzes, sondern moralische Subjekte, bei deren Rechten berücksichtigt werden sollte, was sie selbst mitzuteilen haben.«[12] Ethisch folgt daraus eine Erweiterung der intersubjektiven Gemeinschaft, die auch in Begriffen der politischen Theorie weiterzudenken ist.[13] Phänomenologisch ließe sich hier an Alfred Schütz' Bestimmung der Sozialität anknüpfen: »Sociality is constituted by communicative acts in which the I turns to the others, apprehending them as persons who turn to him, and both know of this fact.«[14] Anthropologisch ist hier daran zu erinnern, dass die im sogenannten Westen vorherrschende Tendenz, Tiere nicht als Personen wahrzunehmen, der in indigenen Epistemologien weit verbreiteten Überzeugung gegenübersteht, im Blick auf die *Personhaftigkeit* nicht zwischen Menschen und anderen Tieren zu unterscheiden.[15]

10 Zur Bedeutung und Ambivalenz des Konzepts einer »Stimme der Tiere« vgl. Lauren Corman, *The Ventriloquist's Burden. Animal Advocacy and the Problem of Speaking for Others*. In: Dies. / Jodey Castricano (Hrsg.), *Animal Subjects 2.0*. Waterloo / Ontario: Wilfrid Laurier University Press 2016.

11 Die Perspektivität der Wahrnehmung impliziert in gewisser Weise auch die Perspektive der eigenen Art. Dass der Mensch jedoch Ausgangspunkt seiner Wahrnehmungen und Überlegungen ist, heißt nicht, dass er auch deren Zentrum und Ziel sein muss. Es geht von daher um eine Begrenzung oder Transformation des Anthropozentrismus, nicht um dessen Abschaffung.

12 Corine Pelluchon, *Manifest für die Tiere*. Übersetzt von Michael Bischoff. München: Beck 2020.

13 Vgl. dazu insbesondere Sue Donaldson / Will Kymlicka, *Zoopolis. A Political Theory of Animal Rights*. Oxford University Press 2011.

14 Alfred Schütz, *On Phenomenology and Social Relations*. Hrsg. v. Helmut R. Wagner. University of Chicago Press 1970.

15 Vgl. Eduardo Viveiros de Castro, *Cosmological Deixis and Amerindian Perspectivism*. In:

Philosophisch ist nach dem Kriterium zu fragen, das Personenhaftigkeit einerseits und Sozialität andererseits bestimmt. Während sich Sozialität und Intersubjektivität unter Umständen auch ohne Bezug auf die »Innenwelt« der beteiligten Akteure fassen lassen, wird bei der Frage nach dem Status als Person fast immer auf »geistige Fähigkeiten« – wie Intentionalität, Rationalität und Sprache (Daniel C. Dennett), Selbstbewusstsein, Interesse (Peter Singer) oder auch nur Empfindungsfähigkeit (Peter Singer / Gary Francione) – abgehoben, die sich im Blick auf viele Tierindividuen nur in der Außenperspektive vermuten, unterstellen oder bestreiten lassen.[16]

Anstatt die unentbehrlichen verhaltensbiologischen Studien zu diesen Fragen herbeizuziehen,[17] möchte ich von der *Strittigkeit* der Zuschreibung ausgehen, um von da aus zu unterstreichen, wie die Ansprache und Wendung (»turn«) an nichtmenschliche Tiere in ein Beziehungsgeflecht verstrickt, das dem Gegenüber immerzu mehr zutraut als die kognitiven Schemata, die das Tier an Instinkte und Triebe gefesselt sehen. Schütz' Bestimmung der Sozialität, die sofort zur Personalität des Gegenübers weitergeht, bringt auf den Punkt, dass es kommunikative Akte der *Hinwendung und des wahrnehmenden Erfassens* sind, die die Sozialität (und implizit auch Personhaftigkeit) konstituieren. Damit ist kein Rekurs auf bestimmte Eigenschaften oder Merkmale in der Frage nach der Personhaftigkeit zu verabschieden, parallel ist jedoch nach der phänomenologischen Interpretation interpersonaler Situationen zu fragen, die nicht direkt auf Eigenschaften zurückgreifen kann, die weder bei Menschen noch anderen Tieren zuverlässig abzusichern sind.

Eine grundlegende Einschränkung jeder Projektion – und damit auch des Anthropomorphismus – ergibt sich aus der Perspektivität der Sprechenden selbst. Spricht man mit Tieren, zählt ihre Perspektive, auch wenn sie diese nicht in menschlicher Sprache artikulieren können. Wir erfahren insofern eine Polyphonie von Perspektiven, die durchaus in der Lage sind, unterkomplexen Projektionen den Boden zu entziehen, insofern sie in der Nähe des Du wie der »Wildheit« einer signifikanten Alterität begegnen.

Ethische Ansprüche

Was folgt aus der gegebenen Interpretation? Zuerst einmal gibt sie Gründe, einen zugewandten, sich artikulierenden Umgang mit Tieren ernst zu nehmen und nicht auf eine Projektion zu reduzieren. Sodann gibt sie ein Argument dafür, dass sinnvolles Sprechen mit einem Gegenüber auch dann möglich ist, wenn keine geteilte Sprache vorliegt und überhaupt

Journal of the Royal Anthropological Institute, Nr. 4/3, September 1998.

16 Vgl. Daniel C. Dennett, *Conditions of Personhood*. In: Ders., *Brainstorms. Philosophical Essays on Mind and Psychology*. Cambridge / Mass.: MIT Press 1981; Peter Singer, *Practical Ethics* [1979]. Cambridge University Press 2011; Gary L. Francione, *Taking Sentience Seriously*. In: Ders., *Animals as Persons*. New York: Columbia University Press 2008.

17 Deren hermeneutische Vorannahmen, Erkenntnisse und Irrwege werden in präziser Weise von der Wissenschaftsphilosophin Vinciane Despret nachgezeichnet. Vinciane Despret, *Was würden Tiere wirklich sagen, würden wir die richtigen Fragen stellen?* Übersetzt von Lena Völkening. Münster: Unrast 2019.

unklar ist, ob das Gegenüber Sprache im Sinn eines syntaktisch elaborierten Repräsentationssystems besitzt. Schließlich bildet sie ein Votum dafür, dass es nicht nur aufgrund ethologischer Studien, sondern auch im Blick auf Gesprächsvollzüge zwischen Mensch und Tier Sinn macht, Tiere als Subjekte wahrzunehmen, denen Ausdruck, Verletzlichkeit und in gewisser Weise eine Stimme zukommt, die eine (auch politische) Ausweitung der intersubjektiven Gemeinschaft zum Desiderat werden lässt. Dass diese Stimme missverstanden und auch missbraucht werden kann, führt über diese erste Betrachtung hinaus und verweist auf Fragen der Übersetzung und des Lernens zwischenartlicher Kommunikation.

Es wäre ein nicht nur problematischer, sondern auch fragwürdiger Gedanke, wollte man aus den hier gegebenen Beobachtungen schließen, Tiere wären grundsätzlich als Subjekte oder Akteure mit eigener *agency* anzusehen. Ich habe den Subjektbegriff an keiner Stelle definiert, weil Extension und Akzent dieses Begriffs nicht aus der allgemeinen Praxis, dass Tiere angesprochen werden, ableitbar sind, sondern sich primär aus den je konkreten Formen der Ansprache ergeben. Hinzu kommt, dass es keine Gespräche mit »Tieren« überhaupt gibt, sondern Sprechsituationen mit bestimmten Tierarten und Tierindividuen.

Dass Insekten, Fische und Maulwürfe in westlichen Gesellschaften relativ selten ernsthaft angesprochen werden,[18] erlaubt keine zwingenden Rückschlüsse darüber, ob man bei ihnen von *agency* oder Subjekthaftigkeit sprechen kann. Gleichzeitig handelt man sich erhebliche Probleme ein, wenn man versucht, eine Tierethik zu konzipieren, die »dem« Tier beziehungsweise allen Tieren und Tierarten überhaupt gerecht wird, indem allen gegenüber die gleichen Pflichten in Anschlag gebracht werden. Tiere unterscheiden sich anatomisch, physiologisch, in ihrer Sensibilität, in ihren Interessen, in ihren Fähigkeiten und schließlich auch in ihren Beziehungsformen zu Menschen.

Es ist der letzte Punkt, bei dem die hier beschriebene Praxis auch für die Ethik Bedeutung erhält. Eventuell in begründender Funktion, primär jedoch in der Funktion, Aufmerksamkeit und Sinn für die ethischen Ansprüche zu wecken, die zahlreiche Tiere – und zwar vor allem jene, mit denen Menschen, glaubt man den Darstellungen in Büchern, Filmen, Spielen und anderen Medien, vorzugsweise kommunizieren – an uns stellen.

In dem hier nur kurz Entfalteten steckt eine Kritik an jeder Definition des Tieres unter negativen Vorzeichen, die sich an einem Bild des sprechenden Menschen orientiert, von der bekannten Bestimmung des Tieres ohne *logos* bis hin zum Tier, das nicht schweigen kann.[19] Mögen diese Bestimmungen im Einzelfall (bei dieser Tierart oder jenem Individuum) zutreffen, insgesamt suchen sie eine De-

18 Dabei handelt es sich um einen kulturrelativen Umstand. Die europäische Geschichte kennt eine ganze Reihe von Fällen, in denen auch Insekten angesprochen wurden. Besonders aufschlussreich ist hier die Geschichte der sogenannten Tierprozesse in Mittelalter und früher Neuzeit. Im Rahmen dieser Prozesse wurden Insekten regelhaft nicht nur angesprochen, sondern auch angeschrieben.

19 So die These bei Dirk Westerkamp, *Das schweigende Tier. Sprachphilosophie und Ethologie.* Hamburg: Meiner 2019.

markationslinie aufrechtzuerhalten, die in der realen Kommunikation zwischen Mensch und Tier performativ infrage gestellt wird.

Die damit aufgeworfenen ethischen Fragen führen weit über diesen Text hinaus: Zwischen der Rechtlosigkeit der Lebewesen, die – oft mit unserer Mitwirkung – Leiden und Tod ausgeliefert werden, und der Wahrnehmung eines Lebewesens als Andere, die ein Interesse an einem guten Leben hat, entsteht in der Aufmerksamkeit für ihr Gesicht, mehr noch im Gespräch mit ihr, eine Spannung.[20] Es ist ein sinnlicher Anspruch, der die Frage nach Verantwortung und Moral hier und auch anderswo aufwirft.[21]

Bei Lévinas ist es die Figur des Dritten, die die Nähe mit ihrer umfassenden Verantwortung in eine Relation zu den Nächsten des Anderen bringt, in der die Frage nach Verhältnismäßigkeit überhaupt erst aufgeworfen werden kann. Der so aufgerufene Vergleich führt einerseits zu einer Begrenzung der Verantwortung – ich bin den Dritten nicht in gleicher Weise verpflichtet wie demjenigen, der mich anblickt –, andererseits wird so erst die Frage nach Gerechtigkeit eröffnet und mit

20 Erst wenn man jemandem ins Auge sieht, erkennt man den Anspruch an, der einen anblickt. Dieser mag auch vorher kognitiv bekannt gewesen sein, aber erst im Blickkontakt und Sprechen *betrifft* er. Die Redewendung »einer Sache ins Auge sehen« gibt dieser These prägnant Ausdruck.

21 Auch ohne physische Nähe kann mich ein Foto, ein Bild, ein Bericht – jegliche Art eines Mediums – sinnlich affizieren. Vgl. Judith Butler, *Precarious Life, Vulnerability, and the Ethics of Cohabitation*. In: *Journal of Speculative Philosophy*, Nr. 26/2, 2012.

ihr das ethische Bewusstsein für die Beziehung zwischen dem Anderen vor mir und jenen, die ihm verbunden sind. Erst weil mich durch den Anderen auch der Dritte anspricht, kommt es zu ethischen Normen im engeren Sinn.

Mit Tieren zu sprechen macht einen Bruchteil der Begegnungsarten zwischen Menschen und anderen Tieren aus. Es ist eine Praxis, die zu denken gibt – und zuweilen überrascht –, wenn man sie zum Thema macht. Berücksichtigt man allerdings, dass dort, wo Verständigung und Kommunikation über Arten hinweg geschieht und gelingt, viele Sprachen und insbesondere *verkörperte Sprachen* gesprochen werden, wird deutlich, dass mit der hier unternommenen Reflexion nur an der Oberfläche gekratzt wurde.

In einer Art Coda möchte ich daher eine nicht unerhebliche Inversion andeuten: Die hier beschriebene Praxis gibt nicht nur der Tendenz Raum, nichtmenschliche Tiere als Subjekte oder Akteure anzusprechen, sie eröffnet auch die Umkehrung, sprich, dass die Subjekt- oder Selbstwerdung des sprechenden Menschen von nichtmenschlichen Tieren her geschieht, wo diese »zu Wort kommen« und ein wechselseitiges Anerkennungsverhältnis anhebt. Dies kommt besonders prägnant in Erzählungen zum Ausdruck. Iwan Schmeljows *Der Toten Sonne* beschreibt, wie der Protagonist während des Russischen Bürgerkriegs in unzähligen Gesprächen mit Henne, Kuh und Pfau ein soziales und freundliches Wesen inmitten von Tod, Hunger und Verzweiflung bleibt. Die Sozialität an der Grenze zum Tod scheint hier fast nur mit anderen Tieren möglich. Amos Oz schlägt in seinem Märchen *Plötzlich tief im Wald* den umgekehrten Weg ein und beschreibt, wie eine Welt ohne andere Tiere die Menschen von sich selbst entfremdet und vereinsamen lässt. Was sicherlich auch eine Parabel über Toleranz, Erinnern und Vergessen und die jüdische Geschichte darstellt, ist in alledem ebenso eine Geschichte über die Sehnsucht danach, nichtmenschliche Tiere zu hören – und zu antworten.

Dass ein anderes Tier den Menschen zum Subjekt macht, und dies unter signifikant anderen Vorzeichen als ein Mensch, ermöglicht somit nicht nur eine Wertschätzung des Tieres, sondern akzentuiert in ganz besonderer Weise die Intersubjektivität, die hier in einer Wechselseitigkeit zum Zug kommt.[22] Dies ließe sich anhand elaborierter Verhältnisse leicht zeigen, wo Menschen und Tiere zusammen leben oder arbeiten (von Gefährtentieren über Polizeihunde bis hin zu Therapietieren), es ist aber auch im Blick auf *prima vista* »unscheinbare« Begegnungen in Anschlag zu bringen.[23]

Damit erodiert ganz beiläufig die leider auch in diesem Text repristinierte Rede von »dem Tier«, vor allem aber wird alles Sprechen mit Papageien, Katzen und Möwen nicht nur als Ansprechen, sondern vor allem als Antworten auf ein wundersam-faszinierendes und fremdes Angespro-

22 Einen spannenden Versuch, dies in Begriffen der politischen Philosophie auszubuchstabieren, bietet Eva Meijer, *When Animals Speak: Toward an Interspecies Democracy*. New York University Press 2019.

23 Vgl. die eindrucksvollen Beschreibungen in Barbara B. Smuts, *Encounters with Animal Minds*. In: *Journal of Consciousness Studies*, Nr. 8/5–7, 2001.

chensein erkennbar. Insofern habe ich mir mit diesem Essay eine Einseitigkeit erlaubt, die in einem anderen Essay auszugleichen wäre – doch es ist das Phänomen selbst, das dazu drängt, mehr zu sehen und zu hören, als der erste Anschein erahnen ließ.

Staatsmodernisierung

Von Hans Peter Bull

Politik und Medien haben die Einrichtung eines Bundesministeriums für Digitalisierung und Staatsmodernisierung als großen Fortschritt gefeiert. Der neue Minister Karsten Wildberger will »der Zukunft eine Chance« geben. Er will »Bürokratie reduzieren, Wirtschaft entlasten«; der Staat solle »besser, moderner und bürgerfreundlicher funktionieren«, das Land soll »schneller werden«.[1] Auch Gesetze sollen künftig »digital entstehen – klar, verständlich und praxistauglich«.[2] Eine zentrale Rolle soll dabei die vollständige Digitalisierung der öffentlichen Verwaltung mitsamt der Nutzung von Künstlicher Intelligenz spielen.

Neu ist diese Programmatik nicht. Die politischen Parteien haben Digitalisierung schon in den letzten Wahlkämpfen zu einem wesentlichen Ziel staatlichen Handelns erklärt. Die »Ampel«-Regierung hat noch im Dezember 2024 einen Staatsvertrag mit den Ländern über ein »Nationales Once-Only-Technical System« abgeschlossen, der sicherstellen soll, dass Bürger und Unternehmen »Daten bei Behörden nur noch einmal abgeben müssen«. Nach dem Koalitionsvertrag der schwarz-roten Bundesregierung soll alles digital werden, was bisher nur effektiv und effizient sein sollte. »Wir setzen auf konsequente Digitalisierung und ›Digital-Only‹: Verwaltungsleistungen sollen unkompliziert digital über eine zentrale Plattform (›One-Stop-Shop‹) ermöglicht werden, das heißt ohne Behördengang oder Schriftform.«

Auch die Justiz soll künftig digital arbeiten. In den rechts- und justizpolitischen Programmen der Bundestagsfraktionen wird das Thema zwar als deutlich weniger dringlich bewertet und zugleich differenzierter behandelt, von den fünf Fraktionen formuliert jedoch lediglich Die Linke ausdrücklich Ziele und Bedingungen einer Digitalisierung der Justiz.[3]

Was fehlt, ist die Konkretisierung und Operationalisierung all dieser Ankündigungen. »Digitalisierung« ist ein überaus facettenreicher und voraussetzungsvoller Begriff. Sie kann Segen oder Fluch bedeuten – je nach der Art und Weise ihrer Umsetzung. Die Beschwörung der abstrakten Ziele reicht nicht aus.

1 Patrick Bernau / Corinna Budras, *»Eine Baustelle muss man in drei Jahren auch mal fertigkriegen«*. Interview mit Karsten Wildberger. In: *FAS* vom 8. Juni 2025.

2 www.bmds.bund.de/themen/staatsmodernisierung

3 Vgl. die entsprechenden Beiträge in der *Zeitschrift für Rechtspolitik*, Nr. 5/2025.

Grenzen des Effizienzdenkens

Der vollständig digital modernisierte Staat, den sich der Modernisierungsminister vorstellt, wird die gleichförmigen Aufgaben der Massenverwaltung wie insbesondere die zahlreichen Sozialleistungen schneller und zuverlässiger erledigen als die traditionelle Bürokratie. Äußerlich wird dieser Staat wohl eine moderne Fassade, also vor allem viele modische Logos zeigen und im Internet vielfach präsent sein. Hinter der Außenfront werden neue Rechenzentren eingerichtet sein, die mit den Bildschirmgeräten in zahlreichen Callcentern verbunden sind. Dort werden Computer-Arbeiterinnen und -Arbeiter kontrollieren, ob die Maschinen programmgemäß funktionieren. Mit den Menschen, deren Angelegenheiten gerade bearbeitet werden, werden die an den Computern keinen Kontakt mehr haben; sie werden sich auf die Angaben verlassen, die elektronisch gespeichert sind.

Nachfragen und Beschwerden werden schon jetzt vielfach nur noch in eng begrenzten »Sprechstunden« entgegengenommen. Die Sachbearbeiter bleiben anonym und wechseln von einem Anruf zum anderen. In den hochkomplexen Datenverarbeitungssystemen diffundiert damit die Verantwortlichkeit der Sachbearbeiter, und die Nutzer finden keinen Ansprechpartner mehr, der für die Fehlerkorrektur zuständig ist. Die Regeln, nach denen die Verwaltung entscheidet, sollen so konstruiert sein, dass möglichst viele Vorgänge schematisch, nach programmierten Routinen erledigt werden können; die Berücksichtigung individueller Besonderheiten gilt als Störung der vorgesehenen Abläufe, so dass Einzelfallgerechtigkeit bewusst als nachrangig angesehen wird.

Richtig ausgeführt, wird die Reorganisation der Verwaltungsarbeit den Betroffenen und der Allgemeinheit gleichwohl einige Annehmlichkeiten verschaffen: Kindergeldzahlungen ohne Antrag sogleich nach der Meldung von Neugeburten aus der Klinik (Vorbild Österreich), leicht zugängliche Formulare für alle möglichen Verwaltungsleistungen, Rechtsauskünfte und Empfehlungen zur Geltendmachung von Ansprüchen. Am meisten wird die Verwaltung selbst von der Digitalisierung profitieren.

Die Zusammenführung der administrativen Register – auch dies (in dem einschlägigen Bundesgesetz) als »Modernisierung« bezeichnet – erleichtert den Behörden von Bund und Ländern die Bearbeitung von Angelegenheiten, wenn Daten aus verschiedenen Verwaltungszweigen benötigt werden. Die Steuerverwaltung bedient sich schon jetzt höchst intensiv der Informationstechnik: Durch »Risikomanagementsysteme« spürt sie (aufgrund von Erfahrungssätzen) Angaben der Steuerpflichtigen auf, die von dem Üblichen abweichen und daher möglicherweise falsch sind; so können sie Verdacht schöpfen und Nachfragen stellen, wenn zum Beispiel ein Gewerbebetrieb plötzlich geringere Einnahmen angibt als in den Vorjahren. Kontrollmitteilungen zahlreicher Stellen unterstützen die Durchsetzung des staatlichen Steueranspruchs.

Dabei wird stets versichert, »der Datenschutz« werde gewährleistet und die Angst vor dem Überwachungsstaat sei unbegründet. Aber wer die Datenverarbeitung strikt nach Prinzipien wie »Once only« und »One-Stop-Shop« organisiert, gerät in die

Gefahr, einen Grundgedanken des Verwaltungs-Datenschutzes aufzugeben, nämlich die informationelle Gewaltenteilung. Danach soll jede interessierte Stelle nur die Daten erhalten, die sie zur Erledigung ihrer Arbeit benötigt.

Die Gesetzgebung zum Umgang mit Daten hat schon jetzt die umfassende Verfügbarkeit von Daten ermöglicht; diese Gesetze dienen kaum noch dem Schutz davor, dass Daten zu »riskanten« Zwecken verarbeitet werden, sondern der rechtlich geordneten Nutzung des Schatzes, der in ihnen steckt. Gegen die Verarbeitungsformen, die gemeinhin Datenmissbrauch genannt werden, sind viele Vorkehrungen getroffen worden, und tatsächlich will niemand in Deutschland die totale Kontrolle etwa nach chinesischem Vorbild – die Kontrolle also, ob sich alle Bürgerinnen und Bürger gesetzes- und obrigkeitskonform verhalten. Aber die ubiquitäre Nutzung von Daten soll und kann zur Perfektionierung der Verwaltungsarbeit beitragen und eben dadurch doch eine mehr oder weniger intensive Überwachung bewirken.

Es sind keine politisch-inhaltlichen Ziele, an denen sich die herrschende Vorstellung von Modernisierung orientiert. Mithilfe der Technik sollen Effizienz und Schnelligkeit gefördert werden (und zusätzlich werden staatsorganisatorische Veränderungen wie die Konzentration von Zuständigkeiten und Prozessen vorgeschlagen, die unter anderem eine weitere Föderalismusreform zu Lasten der Länder bedingen – aber das ist ein anderes, weites Feld). Sogar die Legislative, die politische Zentralfunktion der Demokratie, soll sich an den informationstechnischen Möglichkeiten orientieren.

Inhaltliche Staatsziele wie der Klima- und Umweltschutz, die Erhaltung eines gerechten Sozialleistungssystems und die Ordnung des Soziallebens durch die allgemeine Rechtsordnung werden im Haus des digitalen Staates in ein Hinterstübchen verbannt. Zwar können die neuen Techniken auch zur Verwirklichung humaner und sozialer Werte eingesetzt werden, aber ob und inwieweit das geschehen wird, ist unsicher. Denn dafür bedürfte es äußerster Sorgfalt der Planer und der Bereitschaft, zumindest teilweise auf Schnelligkeit und Effizienz zu verzichten.

Den Tech-Konzernen liegen solche Überlegungen fern. Sie wollen letztlich alle staatlichen Normen durch marktkonforme Regeln ersetzen, die sie selbst einführen. In ihren Algorithmen kommen soziale und ökologische Ziele nicht vor. Im Amerika des Donald Trump gelten alle Vorstellungen von einem gerechten Sozialstaat und alle Vorkehrungen für den Klima-, Umwelt- und Verbraucherschutz als alteuropäische Hirngespinste, Fortschrittsbremsen, die ausgehebelt werden müssen, weil sie dem unbegrenzten Geschäftsbetrieb im Weg stehen.

Die betroffenen Bürger und Bürgerinnen werden mit einem Bequemlichkeitsversprechen abgefunden, das sich letztlich nicht wird einhalten lassen. Seit Jahrzehnten behaupten Verwaltungsreformer, jeder »Gang aufs Amt« sei entbehrlich, wenn nur erst alle Antragsverfahren vollständig automatisiert seien. Estland wird dafür gelobt, dass dort angeblich nur Heirat, Scheidung und Immobilienkauf einen Behördengang erfordern. Hierzulande werden als Beispiele für überflüssige Behördenbesuche regelmäßig die An- und Ummeldung bei der Einwohnerbehörde, die Kfz-Registrierung und die Personalausweis- und Passanträge genannt, also Verwaltungsvorgänge, die im Leben der Normalbürger nur selten und in großen Abständen vorkommen; komplizierte Verwaltungsaufgaben können überhaupt nicht mittels elektronischer Formulare erledigt werden.

Es grenzt an Anmaßung, zu glauben, mit maschineller Unterstützung oder Künstlicher Intelligenz könnte auch die wichtigste Funktion der Verwaltung erfüllt werden, nämlich die jeweils beteiligten Interessen gerecht gegeneinander abzuwägen – ohne menschliche Intelligenz, Erfahrung und Verantwortungsbewusstsein geht es nicht. Auch die genaue Aufklärung der entscheidungsrelevanten Sachverhalte gelingt nur durch persönliche Kommunikation der Sachbearbeiter mit den beteiligten Menschen.

Wer sich heute mit einem Anliegen an eine Behörde oder ein Unternehmen wendet, hört in den Telefonwarteschleifen freundliche Automatenstimmen, man könne seine Wünsche auch »ganz einfach« online mitteilen – und das heißt: immer mehr Abhängigkeit von der Funktionsfähigkeit der technischen Systeme, immer mehr und immer kompliziertere Passwörter und PINs, Stör- und Fehleranfälligkeit. Bei der elektronischen Gesundheitsakte, deren Einführung einen gewaltigen Fortschritt für die medizinische Versorgung darstellen könnte, gibt es nach Jahrzehnten der Entwicklung immer noch Sicherheitslücken, und wer einmal Ärger mit der Deutschen Bahn hatte, seit die vorzeigbare Plastik-Bahncard durch die elektronische ersetzt wurde, weiß, wovon die Rede ist. Die vollständige Umstellung auf elektronische Kommunikation bedroht letztlich jeden und jede; im ungünstigsten Fall ist das Ende aller Kommunikation (und aller Verwaltung) wegen falscher Programmierung, Ausfall zentraler Geräte, Stromausfall, Hackerattacken und Cyberangriffen fremder Staaten möglich.

Auf lange Sicht könnte die Digitalisierung aller Lebensbereiche auch die Leistungsfähigkeit von Verwaltung und Wirtschaft vermindern. Zunächst werden bei zunehmender Nutzung von Künstlicher Intelligenz zahllose Menschen arbeitslos. Während bei den bisherigen technischen Umbrüchen regelmäßig mindestens ebenso viele Arbeitsstellen neu geschaffen wurden wie wegfielen, hat die jetzt im Gang befindliche Veränderung der Arbeitswelt das Potenzial zu einer wirklichen Revolution: Diesmal dürften nicht nur einfache, lästige Aufgaben maschinell erledigt werden, und die Computer werden nicht nur schwierige Rechenarbeiten übernehmen, die die menschlichen Bearbeiter überfordern, sondern es wird eine Vielzahl von Arbeitsstellen »frei«, auf denen qualifizierte und fähige Mitarbeiterinnen und Mitarbeiter ihren Lebensunterhalt mit sinnvollen, wenn auch oft routinemäßigen und schematischen Aufgaben verdienen. Die üblichen Versprechungen, die Beschäftigten hätten nun mehr Zeit für kreative Tätigkeiten, werden nichts wert sein; denn auch viele solcher Tätigkeiten können auf die Maschinen verlagert werden. Nur Informatiker und IT-Experten werden überall in zunehmendem Maß gebraucht – aber dazu kann nicht jeder und jede ausgebildet werden.

In der öffentlichen Verwaltung gibt es auch in Zukunft genug zu tun. Gleichzeitig steht eine Pensionierungswelle bevor, die die Personalnot der Behörden noch dramatisch vergrößern wird. Die Verantwortlichen hoffen, die entstehende Lücke durch Technik ausfüllen zu können. Aber statt enorme Aufwendungen für die Entwicklung, Installation, den Betrieb und die Wartung von Maschinen zu leisten (und den Stromverbrauch des Staates gegen alle ökologischen Bedenken weiter in die Höhe zu treiben), wäre es sinnvoller, das vorhandene Verwaltungspersonal besser fortzubilden sowie Nachwuchskräfte in ausreichender Zahl und Qualität anzuwerben und aus- und fortzubilden. Ohne ausreichendes Personal wird es keine Verwaltung geben, die den Erwartungen der Bürger entspricht. Wenn die Anwerbung von qualifiziertem Nachwuchs nicht gelingt, werden die »Kunden« der Verwaltung immer unzufriedener werden. Viele erkennen darin eine Gefahr für die Demokratie.

Staatsziel Digitalisierung?

Die Modernisierungseuphoriker sehen das natürlich anders. Ein Kollege – Professor für Staatsrecht und Recht der Neuen Technologien – setzt sich seit kurzem vehement dafür ein, die Digitalisierung als verpflichtendes Staatsziel in das Grundgesetz und die Länderverfassungen einzufügen.[4] In der entsprechenden Verlautbarung, die er gemeinsam mit einem Unternehmer verfasst hat, bewirbt er die Initiative als »grundlegenden Schritt, um alle Hoheitsträger [...] nachhaltig auf eine verantwortungsbewusste Digitalisierung zu fokussieren«. Auf diese Weise soll der Rückstand aufgeholt werden, in den die deutsche Verwaltung im Vergleich zu anderen Ländern geraten sei.

Verfassungsrechtliche Festschreibungen dieser Art sind an sich kein Novum. Der Umweltschutz etwa ist bereits im Jahr 1994 als Staatsziel in das Grundgesetz eingefügt worden (Art. 20a GG). Nachdem der Verfassungsartikel jahrzehntelang in einem Dornröschenschlaf versunken war, machte das Bundesverfassungsgericht ihn in seinem Klimaschutz-Beschluss vom 24. März 2021 zu einem wirkungsvollen verfassungsrechtlichen Instrument.[5] Die Hoffnung, eine weitere Verfassungsnorm werde die Politik auch in Bezug auf die Digitalisierung dazu bringen, schneller und effektiver zu handeln, ist also nicht von der Hand zu weisen.

Der Formulierungsvorschlag für das »Staatsziel Digitalisierung« (Art. 20b GG) lautet folgendermaßen: »Der Staat fördert nachhaltig die Entwicklung und den Ausbau digitaler Infrastruktur sowie den Zugang aller Menschen zu digitalen Technologien und Diensten. Er gewährleistet die verantwortungsvolle Teilhabe an der Digitalisierung und den Schutz der digitalen Dimension der Grundrechte.« Auf den ersten Blick scheint das eine gute Idee zu sein. Die angesprochenen Ziele sind weitgehend unumstritten, die Grundrechte und die Teilhabe aller Menschen scheinen angemessen bedacht zu sein.

4 Martin Will/Benedikt M. Quarch, *Staatsziel Digitalisierung. Plädoyer für ein fälliges Verfassungsupdate*. In: *Zeitschrift für Rechtspolitik*, Nr. 3/2025; dies., *White Paper* vom 2. Januar 2025 (beck-link.de/efpz2).

5 BVerfGE 157, 30I. Das Bundesverfassungsgericht hat nicht auf eine Verfassungsänderung gewartet, sondern aus eigener Befugnis entschieden, dass der Staat »unter bestimmten Voraussetzungen zur Sicherung grundrechtsgeschützter Freiheit über die Zeit und zur verhältnismäßigen Verteilung von Freiheitschancen über die Generationen« verpflichtet ist.

Trotzdem: Die Festlegung wäre kein Fortschritt der Verfassungsentwicklung. Sie ist nicht nötig, und sie ist nicht sinnvoll. Der deutsche Staat und die deutsche Wirtschaft müssen nicht erst durch eine Verfassungsergänzung genötigt werden, mehr in die Einführung von Informationstechnik zu investieren. In den Ranglisten der Europäischen Union nimmt Deutschland nur einen mittleren Platz ein, aber Regierung und Wirtschaft bekunden mit Nachdruck ihren Ehrgeiz, aufzuholen. Die Wirtschaft betreibt die Einführung neuer Techniken aus eigenem Interesse mit Hochdruck, Bundes- und Landesregierungen wiederum sind seit einigen Jahren mit erheblichem Aufwand dabei, die gesamte öffentliche Verwaltung technologisch umzustellen.

Durch das Online-Zugangsgesetz sind Bund und Länder verpflichtet worden, ihre Verwaltungsleistungen auch oder (teilweise) sogar ausschließlich online und einen »medienbruchfreien« Zugang zu ihren Verwaltungsportalen anzubieten; diese Aufgaben werden schrittweise ausgeführt. Dass die technischen Systeme des Bundes, der Länder und der Kommunen in wichtigen Teilen noch unterschiedlich angelegt und nicht ohne Weiteres miteinander kompatibel sind, ist eine Folge davon, dass die verschiedenen Verwaltungen diese Systeme über Jahrzehnte hin aus kleinen Anfängen entwickelt und später immer wieder auf neue IT-Produkte umgestellt haben. Die Vielfalt der Ausgestaltungen war gewollt und sollte auch die Eigenständigkeit der verschiedenen Einheiten und Ebenen schützen; die von den Experten ersehnte Einheitlichkeit lässt sich jetzt nicht einfach durch noch so energische Entscheidungen des Bundes herstellen.

Der Politik »die Entwicklung und den Ausbau digitaler Infrastruktur« als Staatsziel vorzugeben, ist deshalb überflüssig. Wenn die Erfolge ausblieben – wer sollte denn dann gegen wen klagen? Das Bundesverfassungsgericht könnte weder die praktischen Hürden der Verwaltungsautomatisierung überwinden noch die Regierung oder den Gesetzgeber wirksam dazu verpflichten. Das Grunddilemma jeder Politik, dass die staatlichen Mittel niemals reichen, um alle Wünsche der Gesellschaft zu befriedigen, wird in der Staatszieldiskussion verdrängt. In Wahrheit ist nicht die Bestimmung der Ziele schwierig, sondern deren Priorisierung sowie die Bemessung des Ausmaßes, in dem die Ziele jeweils realisiert werden sollen. Und dies sind eben originäre Aufgaben der Politik und erst hilfsweise solche der Justiz.

Die zweite Forderung der Initiative, allen Menschen Zugang zu digitalen Techniken und Diensten zu verschaffen, kann und sollte durch einfaches Gesetz garantiert werden (und umgekehrt auch die Erhaltung analoger Zugänge zu staatlicher Kommunikation); verfassungsrechtlich ist dies schon durch das Sozialstaatsprinzip und das Gleichbehandlungsgebot gesichert, und die Justiz wird darüber wachen. Die »verantwortungsvolle Teilhabe an der Digitalisierung« und die »digitale Dimension der Grundrechte« sind wolkige Begriffe, die als Richtlinie staatlichen Handelns erst der Konkretisierung bedürften – eine Aufgabe, die sich laufend in den Auseinandersetzungen über bestimmte Innovationen stellt. Verfassungsnormen können die Richtung der Politik im Großen prägen, aber ihre Wirkung im Einzelnen hängt von politischen Entscheidungen ab. Wie der Klimabeschluss zeigt, hat das Bundesverfassungsgericht seine Interpretationsmacht im Lauf der Zeit erheblich ausgedehnt, aber es hat erkannt, dass es unmöglich ist, der Politik inhaltliche Vorgaben dazu zu machen, wie bei der Bestimmung der konkreten Maßnahmen alle konfligierenden Interessen gegeneinander abgewogen werden sollen.

Die Autoren versprechen gleichwohl große Dinge, die das Staatsziel Digitalisierung vermeintlich leisten könnte: Der Staat werde dadurch verpflichtet, »insbesondere in den Ausbau von Breitbandnetzen sowie die Digitalisierung des Bildungsbereichs und der Verwaltung zu investieren«, einen »flächendeckenden Breitband-Internetzugang, auch in ländlichen und strukturschwachen Regionen [...] sicherzustellen« und »digitale Kompetenzen auf allen Bildungsstufen« zu fördern. »Bei allen seinen Maßnahmen« sei der Staat verpflichtet, »den Schutz der Grundrechte gegenüber den Gefahren der Digitalisierung umfassend zu berücksichtigen«.

Diese Aufzählung gewünschter Wirkungen ist in Wahrheit kein Lösungsangebot, sondern eine Problembeschreibung. Was heißt denn »Digitalisierung des Bildungsbereichs«? Der Digital- und Staatsmodernisierungsminister ist der Ansicht, in ein paar Jahren werde »jeder mit KI programmieren können« und »wir« würden »immer eine KI bei uns haben, mit der wir lernen und trainieren«.[6] Ist das ein erstrebenswertes Ziel? Man baut sich doch auch sonst die nötigen Werkzeuge nicht selbst, sondern lässt sie sich von Spezialisten liefern. Informatiker verstehen unter Digitalisierung offenbar die Anschaffung möglichst vieler PCs, Beamer und elektronischer Tafeln für Schulen und Hochschulen; Bund und Länder haben sich beeilt, viel Geld dafür zur Verfügung zu stellen.

Lernen mit Unterstützung durch KI soll effektiver, weil individuell gestaltbar sein – aber ist nicht Lernen stets auch ein sozialer Prozess, also Kommunikation zwischen Menschen, die Vereinzelung der Lernenden vor ihrem Computer also eher schädlich? Nicht ohne Grund werden Smartphones neuerdings aus vielen Schulen verbannt. Digitalisierung des Bildungswesens kann jedenfalls nicht bedeuten, dass nur die Techniken des Umgangs mit Geräten unterrichtet werden. Medienpädagogik sollte sich auf die Inhalte der Kommunikation konzentrieren, und systematischer Unterricht in den Schulen und Hochschulen ist unverzichtbar. Dass bei allen Maßnahmen der Digitalisierung die Grundrechte – von der Teilhabe bis zum Datenschutz – zu beachten sind, ist eine Selbstverständlichkeit; die Schwierigkeit, die gerade nicht durch einen neuen Verfassungsartikel überwunden wird, liegt auch hier nicht im »Ob«, sondern im »Wie«. Die Gefahren, die aus der Abhängigkeit von der Technik entstehen, werden fast nie thematisiert.

In den Reden und Schriften über eine Modernisierung des Staates dominieren die Ankündigungen und Versprechungen, und es finden sich die altbekannten Schwachpunkte der Fortschrittsdiskussion: Konzentration auf die Instrumente statt Abwägung der Werte und Interessen, unreflektierter Glaube an die Nützlichkeit innovativer Technik und die Überzeugung, dass jede neu eingesetzte Technik

6 *» Wir werden die KI immer bei uns haben«*. In: *Hamburger Abendblatt* vom 2. August 2025.

das Wirtschaftswachstum anregt und das Sozialprodukt steigert.[7] Es kommt dann nicht auf die Qualität des Wachstums an, sondern nur auf die in Geld gemessene Quantität.

Staatsmodernisierung ist keine Aufgabe nur für Beamte und Manager. Sie ist politischer Natur und wird nur gelingen, wenn sie auf einem Grundkonsens innerhalb der Gesellschaft aufbaut. Sie wird auch technische Innovationen umfassen, aber allein dadurch oder durch Beschleunigung, Straffung von Zuständigkeiten und Neukonstruktion von Verwaltungsabläufen ist kein »modernerer« Staat zu machen. Wahrhaft modern wäre ein humanerer Staat – ein Staat, der zuverlässig für die Menschen da ist, die ihn brauchen, und der ihr Verhältnis zu anderen und zur Allgemeinheit gerechter ordnet, als es gegenwärtig der Fall ist. Wird das neue Ministerium diesen Auftrag erkennen?

7 Vgl. die ausführliche kritische Auseinandersetzung von Göttrik Wewer, *Mythen und Realitäten des digitalen Zeitalters. Narrative auf dem Prüfstand*. Baden-Baden: Nomos 2022.

Menschen an Endgeräten
Die Reise zu den blauen Bergen

Von Susanne Neuffer

Leute planen ihre Urlaubsreisen als Spurensuche. Sie folgen einem Autor oder seinen Figuren aufmerksam durch die mörderreiche Bretagne oder ein gefährlich loderndes Schweden.

Ich bin hinter einem Autor her, den in meinem Umfeld keiner liest, der auf einer Landstraße starb, als ich mit anderen Dingen beschäftigt war, und für den ich in den südlichsten Winkel des Landes reisen muss.

Mit Regionalzügen gerät man in die Realität, häufiges Umsteigen führt zu Vermutungen, manchmal zu Erkenntnissen.

Die kleinen Bahnhöfe sind nicht nur vernachlässigt, sondern ganz tot. Es gibt keine Fahrkartenschalter, keine Auskunftspersonen, aber eine verdächtig aussehende Kabine mit einem Videoassistenten. Was würde ein Serviceangestellter die Bahn kosten? Ein einziges Mal entdecke ich eine von einem Menschen bewachte und zu putzende öffentliche Toilette. Was verdient eine Toilettenfrau? (Es war eine Frau.) Wir sind hier nicht in einem Film von Wim Wenders, und das Glück, diese Toilette zu betreuen, ist sicher ein flüchtiges und begrenztes.

The Beautiful South: Irgendwann kommt man doch im äußersten Süden an. Ich genieße die umständliche Anfahrt mit dem Ersatzbus, der uns Fahrgäste durch Täler und um Kurven schleudert, hinter denen kurz richtige Berge als Versprechen auftauchen, doch gleich wieder verschwinden. Vielleicht ist es die Aussicht auf eine Aussicht, die mich hierher getrieben hat, und die Spurensuche ist nur ein Vorwand? Überhaupt wird es kaum möglich sein, sich an eine Wirklichkeit anzunähern, die aus Texten besteht.

Und dann muss ich tatsächlich aussteigen.

Verstummte Gasthöfe, große, ehemals schöne Gasthöfe, in jedem gab es eine Gaststube, einen Festsaal, ein paar Zimmer, vielleicht eine Kegelbahn. Hochzeiten, Besäufnisse, den Geruch nach Schweinebraten um die Mittagszeit.

Es könnte sinnvoll sein, ausreichend Bargeld zu haben.

Die Volksbank hat im Zentrum des Ortes ein großes helles Gebäude. Die traditionelle Malerei, die es an diesem Gebäude gegeben haben soll, ist übermalt worden. *Weißelt, ihr Jungfrauen, weißelt.* Drinnen in der Bank völlige Stille, Leere hinter Panzerglas. Ein Schild verspricht auch hier persönliche Beratung, wenn man den Videoassistenten aktiviert. Ich brauche keine Beratung, nur Geld. Am Geldautomaten klebt ein Schild: Außer Gebrauch. Wo der nächste Automat im Landkreis steht, erfährt man vom Videoassistenten. Vielleicht weiß der auch, wie man da hinkommt. Ich beschließe, dass mein Bargeld ausreicht.

Es ist Hauptsaison, und die Straßen sind still. Ein paar Häuser sehen frisch renoviert aus, sie sind als Ferienwohnungen zu haben. Die Internetadresse steht gleich unter der Blumenmalerei, die sich um die Fenster zieht.

Ab und zu (selten) ein Auto, ein Fahrrad. Vielleicht sind alle beim Wandern, am Berg, den ganzen Tag auf Tagestour. Oder bei Netto einkaufen, weil man sich ja in der Ferienwohnung selber verpflegen muss?

Eine Frauengruppe, die nach Yoga oder Wellness aussieht, durchquert stramm und schweigend den Ort, verschwindet in Richtung Tobel.

Während ich auf der Holzbank im Hof darauf warte, dass mein Pensionszimmer hergerichtet wird, stelle ich eine These auf: dass Stille und Digitalisierung auch zusammen auftreten können.

Schon den ganzen Tag auf der Hinfahrt war es in den Zügen sehr ruhig gewesen. Alle waren über ihre Endgeräte gebeugt, über Smartphones, Tablets, Laptops.

Kein Gedröhne, kein akustischer Nackttanz und keine öffentliche Erziehung in den Zügen. Eigentlich angenehm, aber da war ein Unbehagen, ein optisches Zuviel. Die Haltung: Arm am Körper, Ellenbogen gegen die Rippen gedrückt, rechte oder linke Hand tippt oder wischt, der Kopf ist leicht gesenkt, Unterlippe oder Kinn sind manchmal vorgeschoben. Es ist eine Art Demutshaltung, mit überstrecktem Nacken. Die Haltung sagt: Ja, ich bin da. Ich höre. Ich lese. Was wird von mir erwartet? Manchmal wird auch mit zwei Daumen getippt. Ich habe diese Daumen kürzlich im Zoo gesehen, es war ein Orang-Utan-Weibchen mit großen schönen Händen und diesen geschickten Daumen, mit denen sie alles energisch anpackte.

Etwas hält mich davon ab, die wenigen Menschen, die ich in diesem Ort treffe, auf den Autor anzusprechen. Sie könnten zurückfragen, was diese Reise soll. Vor meiner Abreise wusste ich das, jetzt hätte ich keine Antwort mehr darauf. Oder: Literaturtourismus eben.

Dass sie ihn nicht lieben, ist offensichtlich. Er ist in diesem Ort nicht anwesend. Oder: Seine Abwesenheit ist überdeutlich. Literarische Gedenkveranstaltungen richtet die ausreichend entfernte Nachbarstadt aus.

In meiner Frühstückspension residiert ein Mann, der mehrere Tische braucht, einen für seinen Laptop und die vielen verschlungenen Kabel, einen zweiten zum Frühstücken. Er versinkt ständig in seinen Geräten, was gut ist, denn er hat eine laute, polternde Stimme, von der ich nichts erklärt haben möchte. Auch was er beklagt, wenn er mit der Wirtin im Treppenhaus redet, möchte ich nicht hören.

Der Jesus im Herrgottswinkel ist von einer dickblättrigen Zimmerpflanze bedeckt, fast überwuchert. Man kann sein Gesicht nicht sehen. Ich schaffe es nicht, unauffällig ein Foto von seinem Verschwinden zu machen.

Wir sprechen beim Frühstück nicht miteinander, auch die ältere Dame sagt nichts, die frisch und ausgeschlafen ihre drei Brötchen aufisst. Hier passt endlich das alte Wort »verputzt«.

Ich treffe den Mann an der Bushaltestelle wieder, wo er lauthals lamentiert, dass alles ein großes Unglück sei und niemand Bescheid wisse. Auf seiner App gibt es keinen Bus, der ihn ins Gebirge bringt und auf der anderen Seite hinunter ins Tal, wo er als Kind gewandert ist mit seinem beinamputierten Vater. Ich sage ihm, dass es diesen Bus doch gibt, dass der gerade kommt, dass er an der ersten Bergstation umsteigen muss in den Bus nach Österreich. Ich habe das gestern schon ausprobiert. Der Busfahrer sagt ihm dasselbe. Der Polterer glaubt es nicht, fährt kopfschüttelnd mit, steigt an der Bergstation aus, fotografiert aber nur den Fahrplan am gegenüberliegenden Bussteig. Inzwischen ist dort der gelbe Bus nach Österreich vorgefahren, der Mann könnte einsteigen und ins Tal seiner Kindheit fahren. Er tut es nicht. Dieser Bus steht nicht in seiner App. Er steigt zornig wieder in unseren Bus ein, lässt sich resigniert auf seinen Platz hinter dem Fahrer sinken, dem er sein Unglück in den Nacken redet. Was ist das für eine Welt, wo die Realität nicht mit der App übereinstimmt?

Marx hatte die Sklavenhaltergesellschaft ziemlich an den Anfang der geschichtlichen Entwicklung gestellt. Vielleicht wäre da etwas zu ergänzen.

Der Nachmittag ist heiß, vor dem Netto kann man Kaffee trinken, ich spiele mit Kategorien herum. Gäbe »Postkapitalistische Sklavenhaltergesellschaft« etwas her? Es geht nicht mehr um Produktion und Konsum. Menschen werden beschäftigt. Sie suchen etwas in ihren Endgeräten. Manchmal finden sie etwas, das ihnen sagt, dass sie weitersuchen müssen. Es gibt kleine Belohnungen, winzige glitzernd verpackte Miniostereier, die irgendwann zu einem riesigen Schokoladenhasen führen könnten, in dessen hohlem Bauch sie verschwinden.

Zu Marx' Zeiten konnte man sich noch dickbäuchige Unternehmer mit Hut und Zigarre vorstellen, die Mehrwert scheffelten, wie man Weizen scheffelt, dann verschmolzen sie zum Bild des ideellen Gesamtkapitalisten. Später lernten wir, dass an den Tasten des Systems junge alerte Menschen im dunklen Jackett über weißen Hemden und schmalen Jeans sitzen und mit den Weizenpreisen ein Wettrennen gegen die Zeit veranstalten. Und nun scheint die KI in unseren Köpfen an die Stelle des ideellen Gesamtkapitalisten zu treten, sobald sie genug gelernt hat, um die unterwürfigen Endabnehmer zu beschäftigen.

Aber was ist das Motiv dahinter – können Algorithmen Gier?

Gier wäre doch wenigstens ein Motiv. Die dicken Manchesterkapitalisten kannten sie, die dünnen Finanzakrobaten in den gläsernen Türmen wohl auch. Und wir kennen sie, wenn wir Schnäppchen, Nachrichten, Supersparpreise jagen. Den Frühbucherrabatt für das Ende.

Ich komme mir alt und kulturpessimistisch vor. Zu diesem Thema ist schon alles gesagt. Ich kann nur noch die Illustrationen dazu liefern, die Reste zerborstener Verhältnisse aufsammeln, die als buntscheckige Plättchen am Boden herumliegen.

Auf der Hinreise im Zug: Ich habe wohl einen Augenblick lang ein sorgenvolles Gesicht gemacht, als sich Verspätungsminuten ankündigen. Die Zugbegleiterin kann noch nichts zu meinem Umsteigebahnhof sagen, dies aber freundlich, und geht weiter. Die Frau mir gegenüber ist hellwach, der Mann neben ihr döst im hellblauen Wanderanorak. Sie zieht ihr Smartphone aus der Tasche, scheint ihm meine Frage zu stellen und sagt mir triumphierend, dass es um zwei Minuten hin oder her geht. Das steht auch in meinem Notizbuch, in das ich handschriftlich meine Reisepläne eintrage. Dann setzt sie zu einer Ermahnung an. Man kann heute nicht mehr ohne Smartphone reisen, sagt sie.

Ein wenig sieht sie aus wie meine Handarbeitslehrerin in der fünften Klasse, die blitzartig den Fehler in dem Gewebe zu erkennen pflegte, das ich mühsam und mit schwitzigen Fingern hergestellt hatte. Sie scheint eher mich zu tadeln als die Bahn oder den Verkehrsminister. Es ist offenbar unverantwortlich von mir, ohne so ein Gerät unterwegs zu sein. Als würde man Kinder ohne Schwimmflügel in tiefe Wasser werfen. Ich sage nichts über das kleine Ding am Boden meines Rucksacks, das ich nur in größter Not und möglichst unbemerkt heraushole. Manche Dinge gehören nicht in die Öffentlichkeit.

Das digitalisierte Paar steigt aus, ich betrachte die Bahnhöfe und die Seiten, die die kleinen Städte den Reisenden zeigen.

Es gab eine Zeit, als die Eisenbahn neu war und überall im Land Bahnhöfe entstanden: die kleinen nützlichen, die großen protzigen. Warme Orte, schöne Orte, manchmal ein bisschen zugig, insgesamt behaglich. Von schnurrbärtigen Beamten bewacht, die einem ohne Zögern eine Fahrkarte, ein kleines Stück Pappe, verkauften.

Meine unzeitgemäßen Sehnsüchte vermischen sich mit der Bitterkeit des Autors, dessen Weg ich einen Tag lang gegangen bin. Dessen Bücher ich gesucht habe in dem schmalen dunklen Regal neben der Tourist-Information, wo eine junge Frau hinter dem Tresen tapfer eine Illusion von Service aufrechterhält.

Es geht ja sowieso nur ums Verschwinden. Sein Dorf war schon entseelt und verändert, als er einmal zurückkam, so dass er nicht anders konnte (denke ich mir), als die restlichen Funde auch noch zu fälschen. Ich bin mit seinem Text in der Hand gegangen und habe nur noch die schwachen Feldmarken seiner Fälschungen gefunden. Seine Sägemühle ist eine andere Sägemühle als die, an der ich am Ende eines langen Weges angekommen bin, und die Frage, welche Sägemühle nun abgebrannt ist oder vielleicht doch keine von beiden, vertrocknet als Frage rückstandslos in der Nachmittagshitze.

Es gibt keinen Engelwirt, es gab womöglich nie einen Engelwirt, und der Gasthof Engel, vor dem ich lange stand, ist leer und tot. Auch der Gasthof Hirsch, ein schöner, stattlicher, steht auf Abruf herum und möchte von einem, der vorbeikommt, noch einmal gepachtet werden. Ich kann ihm den Gefallen nicht tun. Obwohl es reizvoll wäre, die Tische neu zu decken, Bier zu bestellen, große Töpfe voller Kraut auf den Herd zu stellen, weiße Gardinen in die Fenster zu hängen und Geranien aus den Blumenkästen wuchern zu lassen wie Blusen aus Dirndlkleidern. Der Ort nährt keinen weiteren Wirt.

Ich halte mich schadlos an der Rückfahrt durch ein heruntergerocktes Land. Wenn ich versuche, es mit den Augen eines Geflüchteten zu sehen, sehe ich keine Ruinen, sondern verlässlichen Wohlstand in Fußgängerzonen, in den Vororten übergroße Wohnhäuser mit Rasenflächen, auf denen übergroße Rasenmäher oder winzige Mähroboter warten. Aber schnell schieben sich die Schallschutzwände davor, die jetzt überall an der Strecke auftauchen und die Passagiere vor dem Sichtbaren und die Anwohner vor dem Lärm schützen sollen.

Kurz sind die Bahnsteige voller Menschen, dann schieben sich entschlossene Reisende mit großen Koffern in den Zug, die Leute fahren mit riesigem Gepäck, als wollten sie umziehen oder ins Exil gehen. Draußen hat sich das Bahnhofsgelände geleert, die Gebäude zeigen ihre toten Fensteraugen, überall ziehen sich rot-weiße Absperrbänder, als würde da etwas gebaut, aber niemand, der baut, ist zu sehen. Wahrscheinlich schaut unserem Zug nur ein Videoassistent hinterher.

Es sollte eine literarische Reise werden. Es wurde etwas anderes. Ich denke an Lissabon: überall Bilder von Pessoa, Postkarten und Wandmalereien, ein begeistert schwadronierender greiser Kellner, die Straßenbahn, die seinetwegen dauernd im Kreis herumfahren muss. Ich denke an die zerkrümelte Madeleine auf Prousts Nachttisch in Illiers-Combray und zweifle im selben Augenblick, ob sie tatsächlich da gelegen hat.

Ich versuche mich zu erinnern, was ich erwartet habe, es gelingt mir nicht. Ich muss zurück zu den Texten. Zu den Büchern.

Auf dem Weg hinunter ins Tal hatte man ein paar Zitate von ihm an Stelen angebracht, damit wir begreifen: Dieser Tobel ist der Tobel, der in dem Text gemeint ist. Die Stelen waren von schamvoller grauer Unauffälligkeit, sie hätten auch dezente Müllbehälter sein können.

Weiter unten waren mir strampelnde Leute in knappen Hosen entgegengekommen, die von ihren Elektrofahrrädern den Berg hochgehievt wurden. An der Alm, wo ich getröstet von einem riesigen Weizenbier meine Wanderkarte auffaltete, lasen sie die Wegstrecke von ihrer ausgestreckten Hand ab.

Ich dachte: Ich bin die Einzige, die geht. Ich falle aus der Zeit.

Auch dieser Satz ist so eitel wie verbraucht.

Ich machte ein Bild von meinem Weizenbier auf der Wanderkarte vor der mittagsblauen Bergkette und wandelte es in ein grießiges Schwarzweißfoto um.

Es gab ohnehin nur den einen Weg, man konnte nicht irregehen. Auch meine Landkarte war nur eine tröstliche Spielerei.

Abreisen hilft. Abreisen ist immer leichter als Ankommen. Als der Süden schon weit hinter mir liegt und das Land kompromisslos eben ist, bleibt der Zug auf freier Strecke lange stehen. Der Zugchef weiß auch nicht, warum, klingt aber heiter, zuversichtlich. Es ist, als würde die ganze abbröckelnde Konstruktion, in der wir leben und uns fortbewegen, noch von einer Handvoll freundlicher Menschen tapfer zusammengehalten: einem Busfahrer, einer Angestellten im Touristenbüro, Zugpersonal, das zwischen brennenden Strohhaufen und abtauenden Eisbergen lächelnd Dienst tut.

Wir stehen lange auf sehr flachem Gelände herum. Zwischen den Koffern ist Unruhe zu spüren.

Ich öffne meinen Rucksack und hole meine Welterklärungs-App heraus. Marx zwinkert. Man hat ihm eine Sprechblase an den Mund gehängt: It's capitalism, stupid.

Der beste Moment

Von Anke Stelling

Ich kann es nicht fassen. Wie soll ich darstellen, dass ein Jahr vergangen ist? Ohne dass ihr anfangt zu gähnen, ist doch so langweilig die ewige Fassungslosigkeit angesichts des Zeitvergehens, noch ermüdender als die angesichts des Zeitgeschehens, was guckst du, was laberst du, Digger. Ticktack, bumm-bäng. Geh Turm, Hölderlin.

Ich werd' euch vermissen. Wie soll ich darstellen, wie sehr ich euch vermissen werde? Ihr, die ihr auf meiner Seite seid, der letzten im Heft jeweils. Lasst uns zusammen die Letzten sein, die sich noch mit Fassungslosigkeit befassen! Überfließen zu allem Überfluss.

Ihr wisst, ich war schon leergeschrieben, bevor das hier überhaupt anfing, und jetzt ist's vorbei, und ich war doch wieder wer. Eure Schlusskolumnistin.

Wie's weitergeht, weiß keiner; meine Körpertherapeutin sagt, das sei schön. Dass ich mich tragen lassen soll von dem, was außerhalb meiner Willkür liegt, mich der Unwillkürlichkeit des Atmens überlassen, der Verdauung, dem Zerfall. Zeit und Mikroorganismen sind am Arbeiten, ich hab' Pause, mach' einfach gar nichts mehr.

Den Nachlass muss ich allerdings noch regeln. Sowohl meinen eigenen – aus Solidarität zu meinen Kindern – als auch den meines Vaters – der gern *Die Internationale* angestimmt, aber weniger gern seine Haufen sortiert hat. Wusstet ihr, dass Tod kein außerordentlicher Kündigungsgrund ist? Ein Mietvertrag geht automatisch auf die Erben über, und erben will geübt sein, vor allem, wenn es sich um Mietverträge für rotten Wohnraum in Schrottimmobilien handelt. Meine Schwester und ich machen uns also auf die Suche nach dem zur

Wohnung gehörigen Kellerabteil, waten durch stehendes Wasser, wollen, wenn wir schon weiterzahlen, wenigstens die Kaution wiederhaben.

Der Hausmeister ist flüchtig.

Die Rattenfallen sind voll.

Die BSR ist nicht die BSR, sondern eine Bande von Trickbetrügern, die mit Fotos von orangefarbenen Müllautos und Männern in orangefarbener Arbeitskleidung auf bsr-wohnungsaufloesung.de Kundschaft an Land zieht, um sie abzuziehen; die BSR warnt, ich bin trotzdem drauf reingefallen. Jetzt ist die Wohnung noch immer nicht beräumt. Vielleicht liegt auch das außerhalb meiner Willkür.

Im Keller der Akademie der Künste am Pariser Platz sang gestern zum Tag der Einheit der Popchor Prenzlauer Berg mit Masha Qrella vom Wir. *Was sind die Geschichten? Wer soll sie berichten? Wir.* Ich muss immer weinen, wenn ein Chor singt, ich muss auch weinen, wenn Masha Qrella singt mit ihrer theoretisch zurückhaltenden, praktisch jedoch durchdringenden und zur lamettageschmückten Kellerdecke aufsteigenden Stimme, jetzt könnt ihr euch vorstellen, wie ich mich zusammenreißen musste, schließlich war ich noch dran mit vorlesen und über Ost-West diskutieren, sollte Haltung zeigen und musste sie deshalb bewahren. Weinende Künstlerinnen will keiner sehen, nicht mal Schauspielern wird so viel Durchlässigkeit durchgelassen, jedenfalls nicht, wenn sie auf Podien sitzen, da gilt der Affekt als Effekthascherei. Bei euch aber darf ich: die sein, die ich bin.

»Unsere Kolumnistin ist traurig und fassungslos nicht nur angesichts dessen, wie die Zeit vergeht, sondern auch wegen allem, was derzeit geschieht und nicht geschieht, Kyjiw, Gaza, der Tod ihres Vaters und das Untertauchen von dessen Hausmeister im Sumpf. Die elendige Geschäftemacherei selbst landeseigener Vermieter, das Birkensterben, Gletschersterben, Artensterben und dass bei Rewe keine Kellogg's-Produkte mehr verkauft werden wegen Preiskampf, und ja, ihr ist bewusst, dass das Tatsachen sind, mit denen alle umgehen und fertigwerden müssen und sie's vergleichsweise noch gut hat, doch das macht es ihr nicht leichter. Sie hat noch nie verstanden, inwiefern das größere Leid anderer das eigene Leid lindern soll, vielleicht bei schadenfrohen, empathielosen Personen, aber nicht bei ihr. Bei ihr kommt das Leid derer, denen es schlechter geht, immer noch obendrauf«, gebt ihr zu Protokoll, nachdem ihr ein Jahr lang meine Kolumne gelesen habt. Und wie sehr ihr mich vermissen werdet.

Ich fahr' unterdessen zu Kaufland. Es liegt am östlichsten Ende von Prenzlauer Berg, wird auch von Lichtenbergern frequentiert und ist dementsprechend ein Schmelztiegel.

Was sich dort feststellen lässt: Die Grenze verläuft nicht zwischen Ost und West, auch nicht zwischen Lichten- und Prenzlauer Bergern, sondern zwischen Liebhabern von Groß- und denjenigen von Kleingebinden, Ernährerinnen von Groß- oder Kleinfamilien, den Leuten, die mit dem Daihatsu oder aber einem E-Rolli vorfahren, den Umsichtigen, die einen Warentrenner auch noch hinter ihren Einkauf legen, und den Verträumten, die nicht anfangen aufzuladen, obwohl sie längst könnten. Da gibt es die, die ihren vollgepackten Wagen noch ein Weilchen durchs Non-

Food-Sortiment lenken, denn wer weiß, vielleicht gilt es heute zusätzlich zum Wochenendeinkauf noch einen zweiteiligen Thermoschlafanzug zu erwerben, während andere ohne Korb am Arm stracks zu den Cerealien durchstechen und nichts als eine Packung Cornflakes kaufen, fünfhundert Gramm für vierneunundvierzig. Ist eine Menge Geld, wird aber auch ewig vorhalten in meinem entvölkerten Haushalt; der Kleine ist inzwischen ebenfalls endgültig ausgereist. Keine eingetrockneten Müslischalen mehr, egal, wohin man schaut; ich gönne mir zum Trost noch einen Plastikbecher Ei in Aspik. Ihr erinnert euch, das ist da, wo ich herkomme, nicht mehr so leicht zu bekommen, da wird die Gruppe derjenigen, die Ei in Aspik als begrüßenswerten Teil ihrer Ernährung betrachten, einfach nicht mehr mitgedacht.

Darum ging's gestern im Ost-West-Dialog dann auch noch: wie Konsumwünsche ganze Völker zu korrumpieren vermögen sowie die Grenze, die die Begehrenden von den Befriedigten trennt. Dass es wiederum traurig und fragwürdig sei, anderen ihre Wünsche und Begierden vorzuhalten; was ich allerdings schon seltsam finde, sind Autofahrer, die anfangen zu hupen, damit vor ihnen stehende Rechtsabbieger endlich mal losfahren, obwohl noch Fahrräder und Fußgänger mitten auf der Straße sind. Wozu wollen sie auffordern? Zu Mord?

Was ich mir wünsche: Weltfrieden. Genug zu essen für alle, es muss nicht Ei in Aspik sein. Einsicht in die Notwendigkeit von Verzicht. Dass meine Nachfolgerin an dieser Stelle die Formel findet für anhaltenden Trost, das neue Sprichwort, das mir beim besten Willen nicht einfallen wollte die letzten zweiundfünfzig Wochen.

Was ich mich frage: Was es mit dem Fragen genau auf sich hat.

»Der beste Moment«, hat Masha hinterher, als die Dialogveranstaltung vorbei war, beim Rauchen vor der Tür gesagt, »war doch der, als nicht klar war, ob Katrin jetzt dich was fragen soll oder du sie.«

»Ich dachte, sie sei die Moderatorin. Hatte sie mich nicht eingeladen, um mich was zu fragen?«

»Vielleicht hat sie dich eingeladen, damit du sie was fragst.«

Ob ich als westdeutsch Sozialisierte ständig nur gefragt sein will, stand in der kalten Luft vorm Brandenburger Tor. Und wer beim Wiederreingehen wem die Tür aufhält.

Es wird mir fehlen, derlei Fragen direkt an euch loszuwerden. Die kriegt jetzt alle wieder Dilek ab.

Was sind die Geschichten? Wer soll sie berichten? Wer soll sich unentwegt das ganze Gerede reinziehen, und kommt, für ein bisschen Dopamin am Schluss, dann wenigstens eine Pointe oder nie dagewesene Erkenntnis?

Nope.

Wir müssen die Seiten gemeinsam füllen.

Mein Lieblingsspiel ist immer noch, dass alle im Kreis stehen, und dann fängt eine an: »Weißt du, was mir neulich passiert ist?«, und die Nächste muss das, was die Vorrednerin erzählt hat, ein Stückchen weitertreiben, rauf auf die Spitze, rein ins Absurde, so lange, bis die Runde rum ist, dann ist Schluss.

Dann kommt das Eigentliche: eine Kolumne jenseits des Höhe-, Mittel- oder Wendepunkts, unverstellt, unverblümt, ganz und gar ehrlich und direkt. Gleich diesen sorglosen postkoitalen Gesprächen, verfasst mit der Weisheit von Frauen, denen nach dem Wechsel alles so richtig egal ist, als ein Mittel gegen die amtlich anmutenden E-Mails ehemaliger Freunde, das Schweigen ausgereister Kinder, zu verwenden auch als Nachruf – ein großer, ein wirklich anhaltender Trost.

'Tis a fearful thing von Jehuda ha-Levi – ins Deutsche übersetzt von eurer scheidenden Schlusskolumnistin.

'Tis a fearful thing

'Tis a fearful thing
to love what death can touch.
A fearful thing
to love, to hope, to dream, to be –
to be
And oh, to lose.
A thing for fools, this,
And a holy thing,
to love.
For your life has lived in me,
your laugh once lifted me,
your word was gift to me.
To remember this brings painful joy.
'Tis a human thing, love,
a holy thing, to love
what death has touched

Das ist doch unheimlich

Das ist doch unheimlich
zu lieben, was vergehen kann.
Unheimliche Angelegenheit
zu lieben, zu hoffen, zu träumen, zu sein –
zu sein
und oje, zu verlieren.
Was für Doofe ist das
Und was Heiliges,
was Heiliges
zu lieben.
Dass du in mir gelebt hast,
dein Lachen mich mal ermutigt,
deine Worte mich getragen haben.
Mich daran zu erinnern macht auf fiese Weise Spaß.
Das ist was Menschliches, Liebe,
eine heilige Sache, zu lieben
was nicht mehr ist.

Demnächst:

Gunnar Hindrichs
Integrierte Desintegration

Matthias Noell
Sammeln, bauen

Christoph Paret
Hoffnung, bei Fuß!